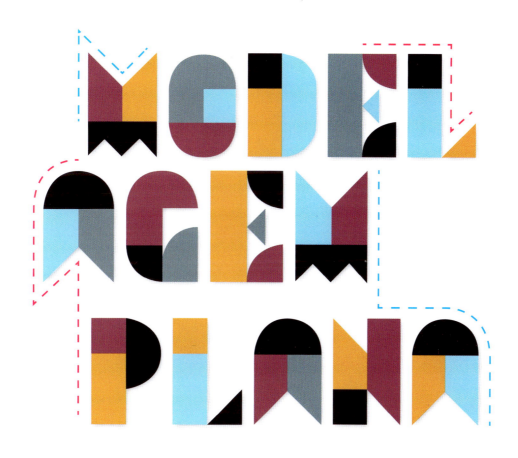

FEMININA E MASCULINA

Débora Nardello & Lohrane Barros

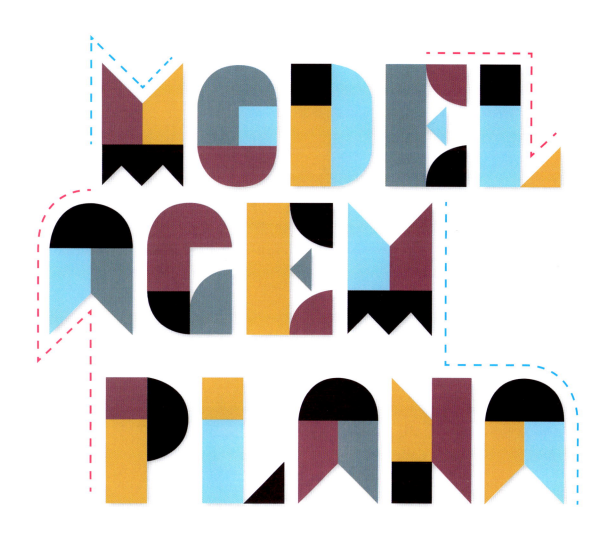

MODELAGEM PLANA

FEMININA E MASCULINA

Editora Senac Rio | Rio de Janeiro | 2023

Modelagem plana feminina e masculina © Senac RJ, 2023.

Direitos desta edição reservados ao Serviço Nacional de Aprendizagem Comercial – Administração Regional do Rio de Janeiro.

Vedada, nos termos da lei, a reprodução total ou parcial deste livro.

Senac RJ

Presidente do Conselho Regional
Antonio Florencio de Queiroz Junior

Diretor Regional
Sergio Arthur Ribeiro da Silva

Diretor de Operações Compartilhadas
Pedro Paulo Vieira de Mello Teixeira

Assessor de Inovação e Produtos
Claudio Tangari

Editora Senac Rio
Rua Pompeu Loureiro, 45/11º andar
Copacabana – Rio de Janeiro
CEP: 22061-000 – RJ
comercial.editora@rj.senac.br
editora@rj.senac.br
www.rj.senac.br/editora

Editora
Daniele Paraiso

Produção editorial
Cláudia Amorim (coordenação), Manuela Soares (prospecção), Andréa Regina Almeida e Gypsi Canetti (copidesque e revisão de textos), Julio Lapenne, Priscila Barboza, Roberta Santos, Vinícius Silva (design)

Ilustrações
Patrícia Souza

Conteúdo e organização
Débora Nardello
Lohrane Barros

Impressão: Imos Gráfica e Editora Ltda.

1ª edição: fevereiro de 2023

CIP-BRASIL. CATALOGAÇÃO NA PUBLICAÇÃO
SINDICATO NACIONAL DOS EDITORES DE LIVROS, RJ

M692
Modelagem plana : feminina e masculina / SENAC Rio. - 1. ed. - Rio de Janeiro : SENAC Rio, 2022.
    248 p. : il. ; 28 cm.

    ISBN 978-65-86493-93-1

    1. Modelagem. 2. Roupas - Confecção - Moldes. 3. Corte e costura - Feminina. 4. Corte e costura - Masculina. I. Título.

22-81334   CDD: 687.0688
                           CDU: 687.03

Gabriela Faray Ferreira Lopes - Bibliotecária - CRB-7/6643

Imagens de uso contratualmente licenciado, aqui inseridas, pertencem à Abobe Stock e são utilizadas para fins meramente ilustrativos.

Apresentação ------- 7
Agradecimentos ------- 9
Introdução ------- 11

CAPÍTULO 1 - *Noções básicas* ------- 13
    TECIDO ------- 17
    FITA MÉTRICA E MEDIDAS ------- 23
    AVIAMENTOS ------- 25
    ACABAMENTOS ------- 28
    MAQUINÁRIOS ------- 29
    TERMOS TÉCNICOS ------- 31

CAPÍTULO 2 - *Projeto e modelagem de peças dos vestuários feminino e masculino* ------- 35
    FICHA TÉCNICA ------- 36
    PEÇAS FEMININAS ------- 39
    PEÇAS MASCULINAS ------- 149

CAPÍTULO 3 - *Montagem e adequação de modelagens femininas e masculinas* ------- 197
    PROCESSO DE MODELAGEM ------- 199

CAPÍTULO 4 - *Gradação de moldes femininos e masculinos* ------- 207
    O QUE É GRADAÇÃO ------- 209
    GRADAÇÃO DE SAIA ------- 211
    GRADAÇÃO DE BLUSA ------- 213
    GRADAÇÃO DE CALÇA ------- 215
    GRADAÇÃO DE SHORT FEMININO ------- 218
    GRADAÇÃO DE CAMISA ------- 219

CAPÍTULO 5 - *Elaboração do seu projeto* ------- 227
    PESQUISA ------- 229
    MOODBOARD ------- 230
    CRIAÇÃO ------- 231
    INTERPRETAÇÃO, PEÇA PRONTA E MOLDE ------- 232
    ÁREA LIVRE PARA CRIAÇÃO ------- 235

APRESENTAÇÃO

Desde meu primeiro contato com Débora, ficou bem claro o tipo de profissional que, mais adiante, ela facilmente provou ser.

Eu estava na banca de seu processo seletivo para ingresso como docente de moda no Senac RJ. Enérgica, cheia de emoção e idealismo, Débora ministrou uma impecável aula de moda – e de valores – para toda a banca. Com ideais de sustentabilidade muito marcados em seu discurso, ela conduziu aqueles minutos em sala com excelência, enquanto eu pensava em nossa sorte por termos despertado seu interesse em atuar no Senac como docente.

Dali em diante, só gratas surpresas, tanto de seu comprometimento dentro do laboratório de moda, formando e transformando a vida de tantos jovens, quanto em todos os projetos além da sala de aula para os quais eu sempre tive o prazer de tê-la a meu lado. Exigente, detalhista e forte em suas posições e visões, Débora encanta alunos e pares com sua maneira de ensinar – e de viver.

Já com a Lohrane foi diferente; ela já estava em sala de aula quando a conheci. Loh tem uma doçura que lhe é natural. Nos vimos a primeira vez na Unidade Senac Niterói – quando eu já tive ótimas recomendações de seu trabalho vindas de sua coordenadora na ocasião.

Ela é apaixonada por tudo o que faz! Sente um prazer enorme em destrinchar os mais complexos desafios e me ajudou inúmeras vezes em projetos de moda que eu acreditava serem quase inexequíveis! Uma típica solucionadora de problemas, que toma para si o desafio e o desvenda por completo, sempre dando seu toque delicado e quase perfumado em tudo. Claro que formamos uma parceria inquestionável ao longo desses anos.

Como poderia dar errada a junção dessas duas? Impossível!

Este livro é o resultado de dedicação primorosa dessas profissionais que, até então, não tinham tanto contato uma com a outra, mas que, de cara, deram um *match* incrível e se completaram em suas potencialidades e conhecimento técnico.

Débora e Lohrane foram incansáveis na busca das melhores soluções de modelagem para a construção de um livro com técnicas atuais e de fácil compreensão até para iniciantes na área. Aqui você vai encontrar o resultado de um trabalho muito dedicado dessas duas mulheres pelas quais tenho enorme gratidão terem cruzado meu caminho profissional (e pessoal).

Separa as réguas e estica o papel que vem muito aprendizado pela frente!

Ursula de Carvalho Silva
Gestão, marketing, moda e docência

Como tudo na vida, este livro foi feito coletivamente. A jornada para transpor parte dos conhecimentos produzidos em sala de aula para um livro contou com a colaboração de muitas pessoas – e algumas certamente foram fundamentais.

Assim, gostaríamos de agradecer ao Senac RJ, instituição que nos acolhe e onde ensinamos a fazer moda para a vida real, e em especial a Ursula de Carvalho Silva, o convite e a confiança em nossa capacidade de produzir este material. Este livro não seria viável sem seu espírito idealista e incentivador.

Estendemos nossa gratidão também a toda equipe da Editora Senac Rio, pela disposição e por todo o trabalho incrível realizado, e aos nossos professores e colegas por todas as preciosas opiniões e contribuições dentro e fora de sala de aula.

Por fim, mas infinitamente mais importante, agradecemos aos nossos alunos, com os quais dividimos diariamente o processo de criar roupas. Vocês são a razão da existência deste livro.

INTRODUÇÃO

A modelagem faz parte de um processo de construção de desenhos geométricos anatômicos. Seu objetivo é reproduzir, no tecido, a forma ou o contorno do corpo por meio da vestimenta. É uma representação plana da roupa, cujas formas baseiam-se no corpo humano.

Modelista é o profissional que transforma um modelo (proveniente de um desenho, de uma foto ou, muitas vezes, de outra peça de vestuário) em um objeto. Esse profissional é responsável por transformar o croqui em molde, analisar a pilotagem e fazer as alterações finais no molde para, então, produzir em série. Todo esse processo visa obter um produto que seja fiel à ideia inicial, criada pelo setor de estilo.

Acompanhar a prova da peça piloto é de fundamental importância para visualizar os defeitos e propor melhorias. Para tal, o modelista deve:

- Identificar se o defeito teve origem na modelagem ou se foi provocado por corte, costura, encolhimento ou regulagem do ponto de costura.
- Saber corrigir os defeitos de molde, entre os quais bigodes, gancho entrando e culotes, e adequá-lo às medidas.
- Propor melhorias.
- Ampliar e reduzir, criando a grade completa, sem deformar o molde.
- Trabalhar em conjunto com estilista e pilotista.
- Ter noção básica de todos os setores de uma confecção, a fim de entender que seu trabalho está diretamente relacionado a vários setores.

O modelista deve se aperfeiçoar continuamente para conseguir atender a um mercado cada vez mais veloz e exigente.

CAPÍTULO 1

Noções básicas

O processo produtivo para confecções se inicia no planejamento da coleção, no desenvolvimento do produto, passando por toda a produção, até chegar ao consumidor.

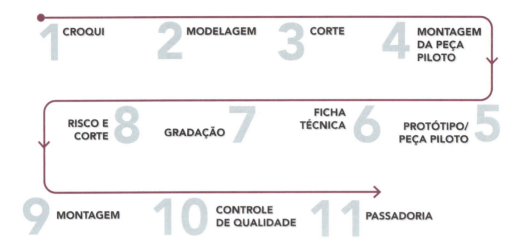

1 CROQUI
Desenho da ideia do modelo que dará origem a todo o processo. Feito pelo setor de criação/estilo.

2 MODELAGEM
Os moldes são desenvolvidos com base no desenho do estilista e obedecem às medidas da tabela adotada.

3 CORTE
O tecido é cortado de acordo com os moldes.

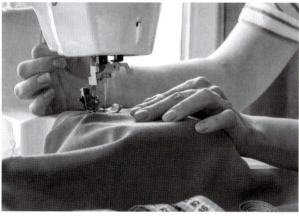

4 MONTAGEM DA PEÇA PILOTO
As partes cortadas das peças são unidas pela pilotista, que organiza a sequência operacional.

5 PROTÓTIPO/PEÇA PILOTO
Etapa em que a peça do vestuário pode sofrer alterações. Tem como finalidade possibilitar testes de ergonomia, vestibilidade e caimento. É feito com o modelo de prova da empresa.

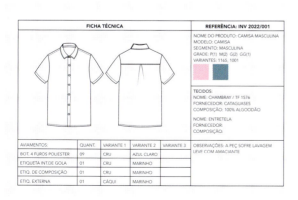

6 FICHA TÉCNICA
Contém todas as informações da roupa, acompanhada por um desenho técnico.

7 GRADAÇÃO

Com a peça piloto aprovada e com todas as informações obtidas, passa-se para a etapa de gradação de moldes. Serão feitas outras peças em tamanhos maiores ou menores.

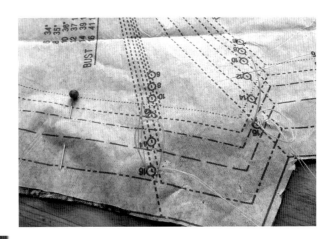

8 RISCO E CORTE

Os diferentes tamanhos são encaixados e riscados no enfesto, buscando o melhor aproveitamento do tecido. Então, o tecido é cortado de acordo com os moldes, organizado no enfesto, garantindo o corte em grandes quantidades.

9 MONTAGEM

Mesmo procedimento de costura, mas em escala industrial.

10 CONTROLE DE QUALIDADE

Inspeção feita para garantir que o produto não tenha nenhum tipo de defeito.

11 PASSADORIA

As costuras são assentadas, e é possível marcar detalhes das dobras, dos vincos, pregas e caimento.

TECIDO

O tecido é a matéria mais utilizada na realização do projeto do vestuário.

Seu uso adequado é decisivo para que a roupa tenha o efeito desejado. Um modelo pode ser valorizado ou prejudicado se o tecido escolhido não for o mais indicado.

Resultantes dos processos de fiação e tecedura, os tecidos planos são formados pelo entrelaçamento de dois conjuntos de fios: urdume e trama. Já a malha é constituída por fios tramados na mesma direção, a horizontal, o que a torna um tecido flexível, com elasticidade. Exemplos: viscolycra, moletom, ribana, entre outros.

Tecido plano

O tecido plano é formado pelo entrelaçamento de dois fios – trama e urdume –, que se cruzam em ângulo reto. Exemplos de tecidos planos: tricoline, seda, linho, sarja, cetim e outros.

O urdume, ou urdidura, é composto de fios posicionados no sentido longitudinal ou vertical; paralelos ao comprimento do tecido, esses fios se mantêm fixos e em tensão constante.

A trama é criada pelos fios que se entrelaçam ao urdume no sentido transversal ou horizontal em sucessivas passagens de um lado para o outro, formando a largura do tecido.

A construção dos tecidos planos depende do padrão de entrecruzamento da trama e do urdume. Essas armações são responsáveis por aspectos relativos à estética e ao caimento.

A gramatura (peso) de um tecido também é responsável pelo seu caimento.

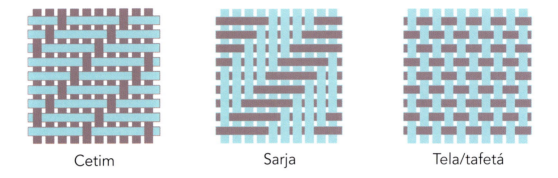

Cetim   Sarja   Tela/tafetá

Fio

O fio do tecido é o que vai determinar o caimento da roupa. O caimento perfeito está relacionado com o posicionamento desse fio. São estes os tipos de fio:

Independentemente do fio escolhido, o posicionamento deste em relação à ourela deve ser paralelo.

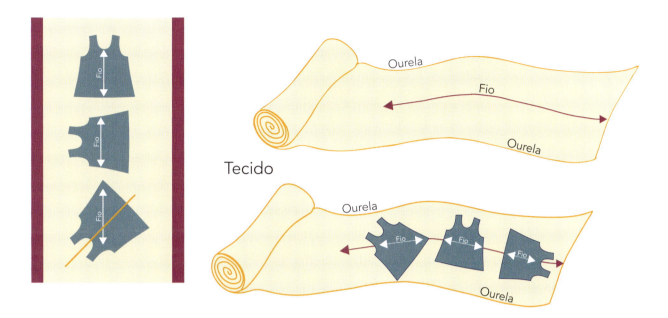

Fio reto – Paralelo ao meio da roupa, no sentido vertical da peça.

Fio atravessado ou contrafio – No sentido horizontal da peça ou perpendicular em relação ao fio reto, traçado em 90° em relação ao fio reto. Deixa o caimento mais estruturado.

Fio enviesado – Ângulo de 45° em relação ao fio reto. O tecido torna-se mais flexível, deixando o caimento mais leve.

Linha

Tipo

Direção

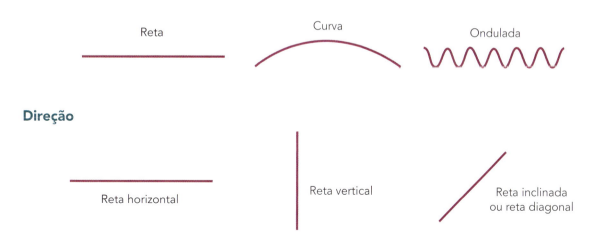

Forma

Posição quanto à outra linha

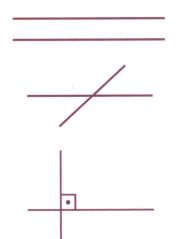

Retas paralelas: sua inclinação é a mesma; portanto, a distância entre as retas é sempre igual e não há pontos em comum.

Retas transversais: são definidas como retas que têm interseção com outras retas em pontos diferentes.

Retas perpendiculares: o ponto de interseção delas é formado por um ângulo reto, ou seja, de 90°.

Fibra

As fibras naturais podem ser de origem animal, vegetal ou mineral, respectivamente, exemplificadas pelos tecidos de lã, algodão e amianto.

As fibras artificiais são originárias de fibras naturais modificadas, a exemplo da viscose.

As fibras sintéticas derivam do petróleo, como a poliamida, o poliéster e o poliuretano.

Fibras naturais vegetais

Algodão

As fibras de algodão produzem um tecido que possibilita à pele respirar. O modo como são fiadas e a maneira como o fio é fabricado afetam o desempenho e a aparência final do tecido. Acabamentos e tratamentos podem ser aplicados a um tecido em qualquer estágio de sua produção, seja na forma da fibra, do fio, do tecido, seja em uma peça pronta.

Linho

O linho tem propriedades semelhantes às do algodão, em particular no que diz respeito ao manuseio, embora tenda a amassar com mais facilidade. Tem boa absorção e lavagem e é produzido da fibra de linho.

Cânhamo, sisal, ráfia, rami e juta

Essas fibras de origem vegetal, por suas características rústicas, são pouco utilizadas para o vestuário, porém podem aparecer, em pequenos percentuais, em tecidos de composições mistas e podem ser aplicadas em acessórios.

Fibras naturais animais

Seda

O tecido desenvolvido do fio do casulo do bicho da seda apresenta características como brilho, maleabilidade e caimento.

Do fio da seda é possível desenvolver uma gama de tecidos com armações, pesos e texturas distintas.

Lã: caxemira e angorá mohair

A caxemira e o mohair são considerados pela indústria as lãs mais refinadas, leves e sedosas do mundo.

A caxemira é muito preciosa e é a fibra mais nobre de origem animal.

Já o angorá mohair é um tipo de fibra característica da cabra.

A alpaca, o camelo e o coelho são também fontes de tecidos de lã com toque quente e luxuoso.

Fibras sintéticas

Sintético – poliéster

As fibras sintéticas derivam do petróleo, como a poliamida, o poliéster e o poliuretano.

O poliéster, por exemplo, desbota pouco e é fácil de secar. Pode-se utilizar as fibras sintéticas sobretudo para fazer roupa e outros materiais, como lençóis de cama, almofadas e echarpes.

Fibras artificiais

Artificial – viscose

As fibras artificiais são originárias de fibras naturais modificadas, a exemplo da viscose, do modal e do acetato. São leves, frescas e queimam com facilidade.

A viscose é a mistura da celulose, obtida por meio da madeira de árvores com pouca resina ou do línter de algodão, com substâncias químicas chamadas de acetatos.

FITA MÉTRICA E MEDIDAS

Fita métrica

Fita métrica em escala 1:1 ou natural

A fita métrica é o instrumento utilizado para aferir as medidas do corpo. Ela pode ser larga, estreita, colorida... Pode ter acabamento metálico em suas extremidades ou não. É comum termos a marcação milimétrica em um lado, e, no outro, a marcação apenas dos centímetros.

Também podemos encontrar um dos lados em polegadas.

Seja na fita métrica, seja nas réguas, lembre-se: a contagem começa no 0 (zero), nunca na margem da régua ou no acabamento da fita, a não ser que o 0 (zero) esteja na borda.

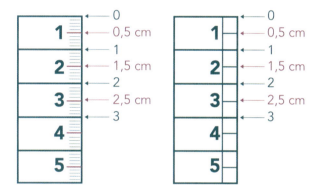

Esquadro e ângulo

O esquadro é um aparelho de medição para diversas aplicações. Na modelagem usamos para aferição de ângulos – os mais comuns para os modelistas são o esquadro isósceles, de 45º-45º-90º, e o escaleno de 30º-60º-90º.

Usamos principalmente o ângulo de 45º – para viés, fio enviesado, godê – e o ângulo de 90º para marcarmos as linhas retas perpendiculares.

O esquadro é utilizado em todas as modelagens, pois uma roupa mal esquadrada compromete o fio e, consequentemente, afeta o caimento da peça.

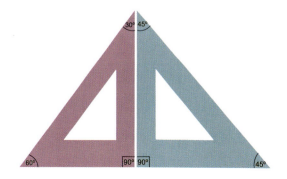

Esquadro escaleno   Esquadro isósceles

Medidas

Antropometria

É a ciência de medida do tamanho corporal.

As medidas do corpo são elemento fundamental para desenvolvermos uma modelagem.

Ergonomia

É a ciência da interação entre o ser humano e o ambiente social que o cerca. Sua finalidade é projetar produtos confortáveis, seguros e que contribuam para a manutenção e o aumento da saúde do usuário.

Para o desenvolvimento de uma modelagem ergonomicamente satisfatória, deve-se levar em consideração os movimentos do corpo e como, onde e por quem as roupas serão utilizadas, visando ao conforto e à praticidade do vestuário e atendendo a sua função.

Tabela de medidas

Uma das características principais que definem uma boa modelagem é a exatidão das medidas.

Para a construção dos moldes, é necessária a utilização de medidas do corpo humano.

Uma tabela de medidas é a essência para a construção das bases; nela estão classificados os tamanhos para que as roupas sejam produzidas. As tabelas são constituídas por agrupamentos de tamanhos corpóreos, formados por numeração (ex.: 36 ao 54) ou siglas (ex.: PP ao XG).

As medidas em tabelas-padrão costumam aumentar de modo proporcional. Como no Brasil não temos padronização de medidas, cada profissional obtém a sua, e cada empresa utiliza a tabela de acordo com o seu público-alvo, o que faz com que o consumidor tenha numeração de manequim diferente para cada loja que consome. Há tentativa de padronização; em 2021, a Associação Brasileira de Normas Técnicas (ABNT), publicou uma nova norma para definir tamanho de roupas femininas. Encarando o desafio da diversidade de biotipos encontrados no país, esta sugere dimensões em centímetros para cada biotipo – cabe ressaltar que a norma é voluntária, ou seja, a confecção/marca só irá aderir se desejar.

Assim, será possível encontrar vários tipos de tabelas que variam não só nas medidas como também em suas nomenclaturas.

Mais adiante, serão mostradas, separadamente, as tabelas de medidas adotadas para roupas femininas e masculinas.

AVIAMENTOS

Aviamento é todo material usado tanto para enfeitar peças de roupas, quanto para conferir funcionalidade a elas, como fechos, por exemplo.

Existem tipos de aviamento:

Aviamentos funcionais ou fundamentais – Necessários para que a peça exista. Exemplos: linhas, zíperes, botões, etiquetas, entre outros.

Aviamentos decorativos – Agregam valor à peça, mas não interferem na funcionalidade; são adornos. Exemplos: franjas, etiquetas decorativas, tags, puxadores, ilhós, entre outros.

Aparentes – Aqueles que ficam visíveis. Exemplos: botões, zíper, entre outros.

Não aparentes – Não são visíveis no exterior da peça, mas fundamentais para a estrutura. Exemplos: elásticos, entretelas, barbatanas, entre outros.

Não existe o aviamento certo para determinado tipo de peça. A escolha dos aviamentos se deve a um conjunto de fatores, como finalidade e intenção da peça, tecido, caimento, público-alvo, estilo, desejo do estilista/cliente.

Vejamos as imagens de alguns aviamentos.

Zíper

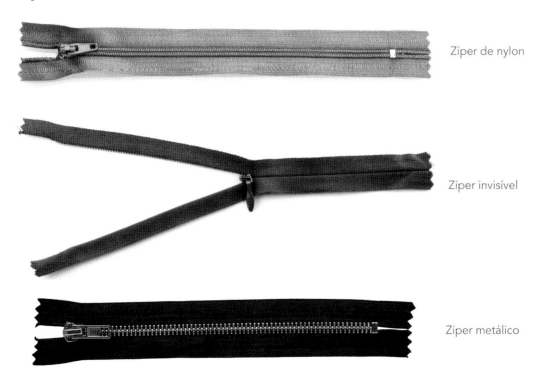

Zíper de nylon

Zíper invisível

Zíper metálico

Botão

Botão de pressão plástico

Botão para jeans

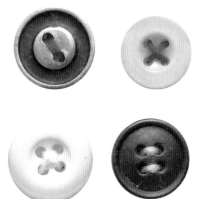

Botão preso por costura

Botão de pressão metálico

Colchete

Colchete gancho

Colchete alfaiate

Velcro e elástico

Velcro

Elástico

Spike, pirâmide, ilhós e rebite

Spike

Pirâmide ou cravo

Ilhós

Rebite

Viés, passamanaria e fita

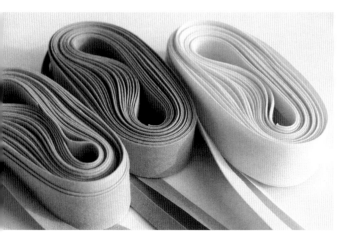
Viés

Fita

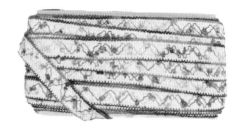
Passamanaria

ACABAMENTOS

O acabamento é a finalização da peça. Um bom acabamento, ou seja, uma boa finalização, é importante para mostrar qualidade da peça e deixá-la esteticamente apresentável para o consumidor.

Vejamos, a seguir, imagens de alguns acabamentos.

Viés

Apesar de ser um aviamento, o viés também pode ter a função de acabamento e substituir a bainha, por exemplo, ou ter apenas efeito decorativo. Pode também ser usado em cavas, decotes, cós e bolsos, na parte interna ou externa das roupas.

Bainha

A bainha é o acabamento feito na extremidade de um tecido, usada para evitar que este desfie ou para alterar o comprimento da peça. Ela varia de acordo com o tecido ou o efeito que se deseja.

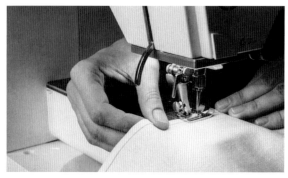
Bainha industrial

Bainha manual

Revel/limpeza

Revel ou limpeza é um acabamento geralmente feito no decote, na cava ou barra, que fica do lado de dentro da roupa.

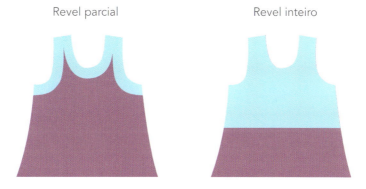

Revel parcial Revel inteiro

MAQUINÁRIOS

Máquina reta

O ponto é fixo e contínuo, variando apenas a largura.

A máquina necessita de um cone e uma bobina com linha.

É muito utilizada para costurar tecidos planos, como tricoline, viscose, seda, cetim e linho.

Ponto:

―――――――――――――――――――――――――――――

Máquina overloque

Os pontos de overloque são usados para proteger a borda do tecido.

A máquina pode ser de três ou quatro fios.

Uma lâmina cortante corre ao longo da barra para cortar o excesso de tecido.

É muito utilizada para costurar tecidos elásticos, como meia malha, viscolycra e plush.

Ponto:

Máquina interlock

A interlock é constituída por costura reta e overloque. É mais comum usá-la em tecidos que não têm elasticidade, como o jeans.

Os pontos da interlock são usados para fechar as peças e proteger a borda do tecido.

Ponto:

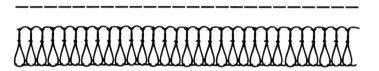

Máquina galoneira ou colarete

É utilizada na construção e no acabamento de lingerie e de malha.

Agulhas duplas resultam em duas fileiras de costura no lado direito e pontos de overloque no lado avesso.

Uma variação existente forma pontos de overloque nos dois lados, conhecidos como pontos de cobertura.

Ponto:

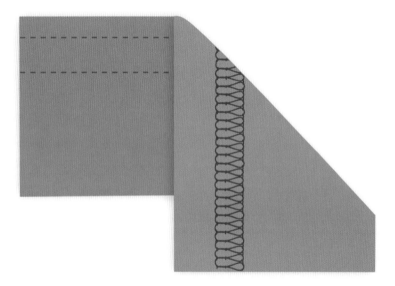

Máquina caseadeira

Produz casas para botões. O retângulo é o tipo de caseado mais comum.

Ponto:

Máquina fechadeira

Sua finalidade é fechar cós, laterais de roupas e ombros.

Automaticamente, ela faz a dobra do cós e da lateral, diminuindo a necessidade de uso da máquina overloque.

Ponto:

TERMOS TÉCNICOS

Bolso

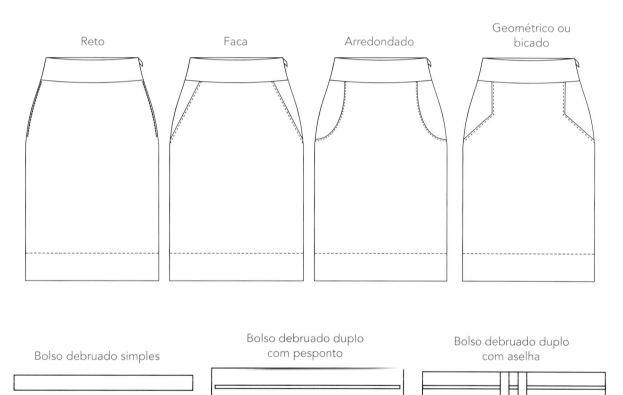

Lapela

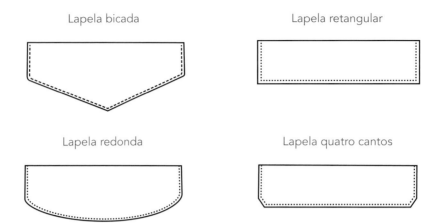

Prega

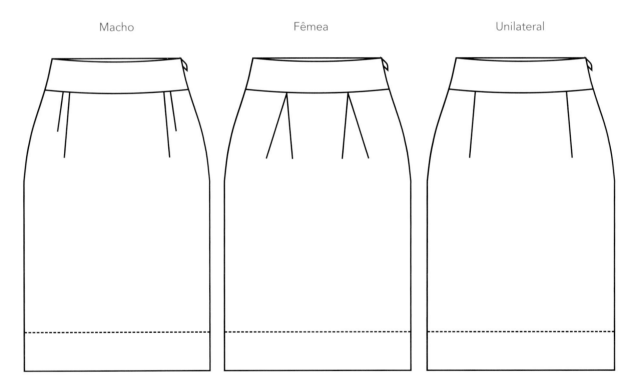

Efeito

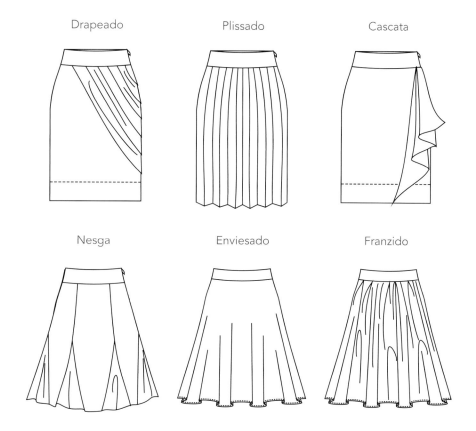

Composição/partes

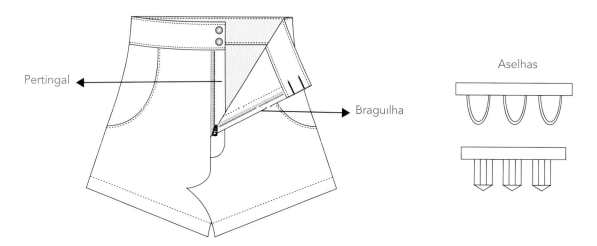

Bases de modelagem

São desenhos planificados das medidas e formas do corpo humano. É com base nelas que criamos diversos modelos, desde as peças mais simples até as mais elaboradas, por meio de um processo que chamamos de interpretação da modelagem.

CAPÍTULO 2

Projeto e modelagem de peças dos vestuários feminino e masculino

FICHA TÉCNICA

As fichas técnicas são documentos em que estão descritos todos os passos para a elaboração da peça de vestuário. Elas são extremamente necessárias para o planejamento, a execução e a qualidade do produto na indústria de confecção.

A não utilização ou o uso indevido da ficha técnica pode acarretar inúmeros problemas, como a compra errada de insumos e falhas na determinação de custo dos produtos, além de dificultar a reprodução futura.

Cada empresa desenvolve a ficha técnica em conformidade com suas necessidades e realidade.

É comum a ficha técnica ser acompanhada da tabela de medidas, para orientar a costura e o controle de qualidade da peça pronta, e da sequência operacional, definição descritiva sobre as operações de corte e montagem, os tipos de maquinários, as ferramentas a serem utilizadas para todas as partes da peça e o tempo.

FICHA TÉCNICA					
Nome da empresa/cliente: quem está solicitando o serviço			Data de emissão: data da solicitação		
Modelo/ref.: é um código único que pode ser composto por nome, letras, números... Exemplo: vestido Ana, A001-1, 001			Data de entrega: data da entrega		
Descrição: maior quantidade de informação possível sobre o modelo			Coleção/ano: outono/2020		
^			Tempo: tempo de desenvolvimento da modelagem. Exemplo: 1 h 10		
Matéria principal	Nome	Composição	Cor ou estampa		Gasto
O material que será utilizado em maior quantidade. O corpo	O tecido. Exemplo: tricoline	É indicada pelo fabricante. Exemplo: 100% algodão	Amarelo ou poá		Quantidade do tecido (comprimento) que será usado, respeitando o fio. Exemplo: 2 m
^	Fabricante	Fornecedor	Largura		Preço
^	Quem produziu o tecido	Quem vende o tecido. Exemplo: loja, representante	Largura do tecido - existem padrões. Exemplo: 1,40 m; 2,20 m		Valor que se paga por metro do tecido
Matéria secundária	Nome	Composição	Cor ou estampa		Gasto
O material que será utilizado em menor quantidade, se houver. O detalhe/forro	O tecido. Exemplo: tafetá sevilha	É indicada pelo fabricante. Exemplo: 100% poliéster	Amarelo		Quantidade do tecido (comprimento) que será usado, respeitando o fio. Exemplo: 2 m
^	Fabricante	Fornecedor	Largura		Preço
^	Quem produziu o tecido	Quem vende o tecido. Exemplo: loja, representante	Largura do tecido - existem padrões. Exemplo: 1,40 m; 2,20 m		Valor que se paga por metro do tecido
Aviamentos	Nome	Tamanho	Cor		Quantidade
Zíper, ilhós, spike, botão...	Zíper invisível	15 cm	preto		1
^	Botão	Nº 14	preto		2
^	Entretela termocolante	50 cm	branco		1
^	Fabricante	Fornecedor		Preço	
^	Produtor do zíper	Quem vende o zíper: loja, representante		Preço da unidade	
^	Produtor do botão	Quem vende o botão: loja, representante		Preço da unidade	
^	Produtor da entretela	Quem vende a entretela: loja, representante		Preço da unidade	
Etiquetas (tipo e localização): etiqueta palito, de composição, de segurança, de aviamento Centro, lateral, diagonal Interno, externo, barra, bolso					
Beneficiamentos: processos que irão agregar valor à peça. Lavagens, bordados, estampas localizadas					
Desenho técnico: desenho técnico ou que ilustre os detalhes da modelagem, recortes, pespontos, zíper, bainha, botões, pences, bolsos Obs.: frente, costas e lateral, se houver necessidade				Amostras: exemplos dos tecidos para os quais a modelagem foi elaborada	
Análise crítica de vestibilidade e melhoria de produto (tudo o que necessita ou deseja mudar na modelagem)					
Problemas encontrados			Soluções		
1- A cava ficou folgada 2- O decote não se acomodou no colo 3- A barra ficou curta						
Avaliação piloto: aprovado ( ) reprovado ( ) Assinatura:					

PEÇAS
FEMININAS

Orientações para aferir medidas femininas

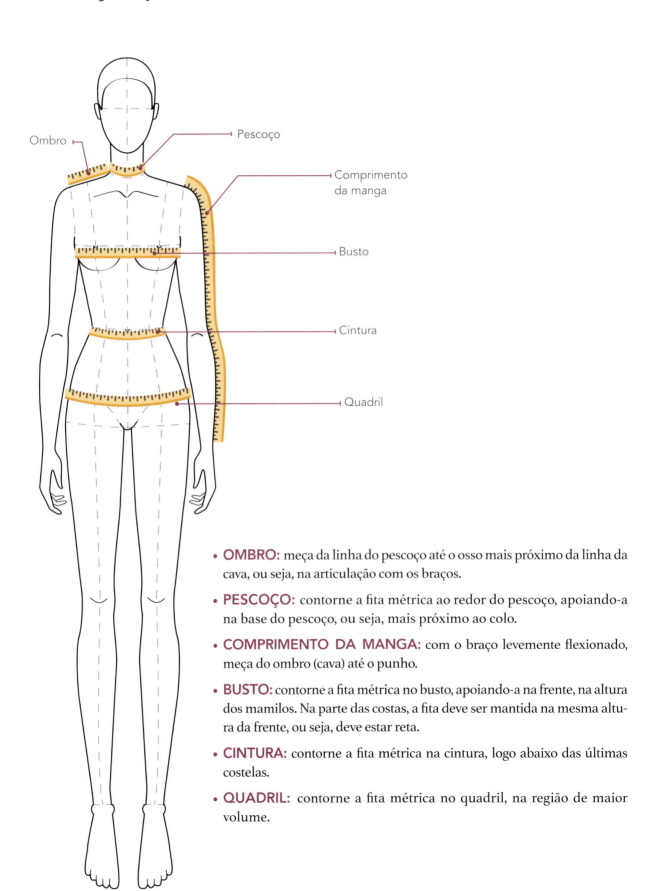

- **OMBRO:** meça da linha do pescoço até o osso mais próximo da linha da cava, ou seja, na articulação com os braços.
- **PESCOÇO:** contorne a fita métrica ao redor do pescoço, apoiando-a na base do pescoço, ou seja, mais próximo ao colo.
- **COMPRIMENTO DA MANGA:** com o braço levemente flexionado, meça do ombro (cava) até o punho.
- **BUSTO:** contorne a fita métrica no busto, apoiando-a na frente, na altura dos mamilos. Na parte das costas, a fita deve ser mantida na mesma altura da frente, ou seja, deve estar reta.
- **CINTURA:** contorne a fita métrica na cintura, logo abaixo das últimas costelas.
- **QUADRIL:** contorne a fita métrica no quadril, na região de maior volume.

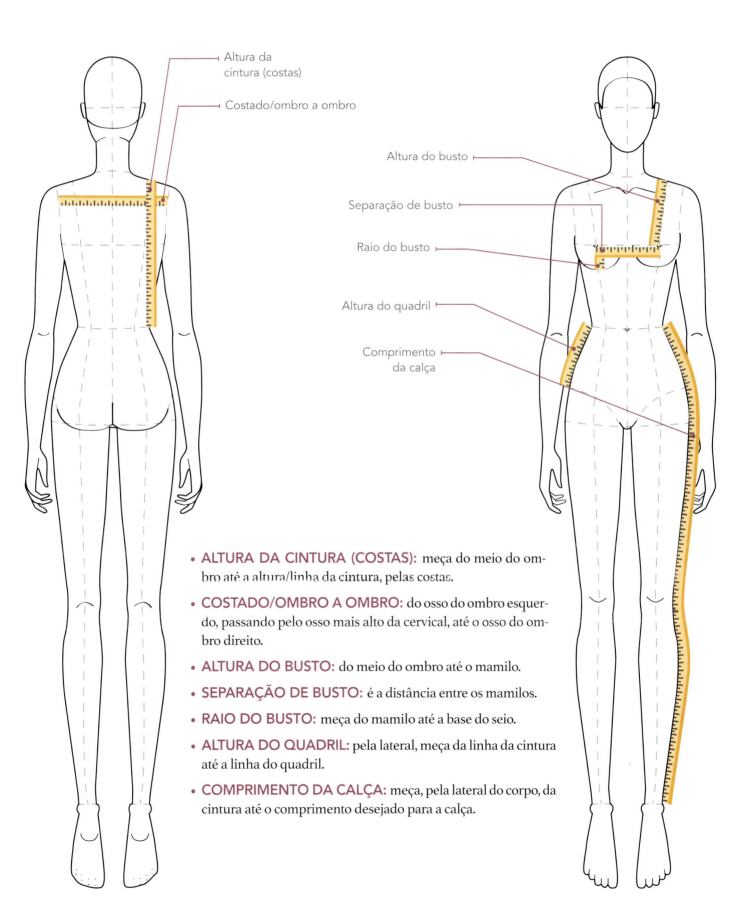

- **ALTURA DA CINTURA (COSTAS):** meça do meio do ombro até a altura/linha da cintura, pelas costas.
- **COSTADO/OMBRO A OMBRO:** do osso do ombro esquerdo, passando pelo osso mais alto da cervical, até o osso do ombro direito.
- **ALTURA DO BUSTO:** do meio do ombro até o mamilo.
- **SEPARAÇÃO DE BUSTO:** é a distância entre os mamilos.
- **RAIO DO BUSTO:** meça do mamilo até a base do seio.
- **ALTURA DO QUADRIL:** pela lateral, meça da linha da cintura até a linha do quadril.
- **COMPRIMENTO DA CALÇA:** meça, pela lateral do corpo, da cintura até o comprimento desejado para a calça.

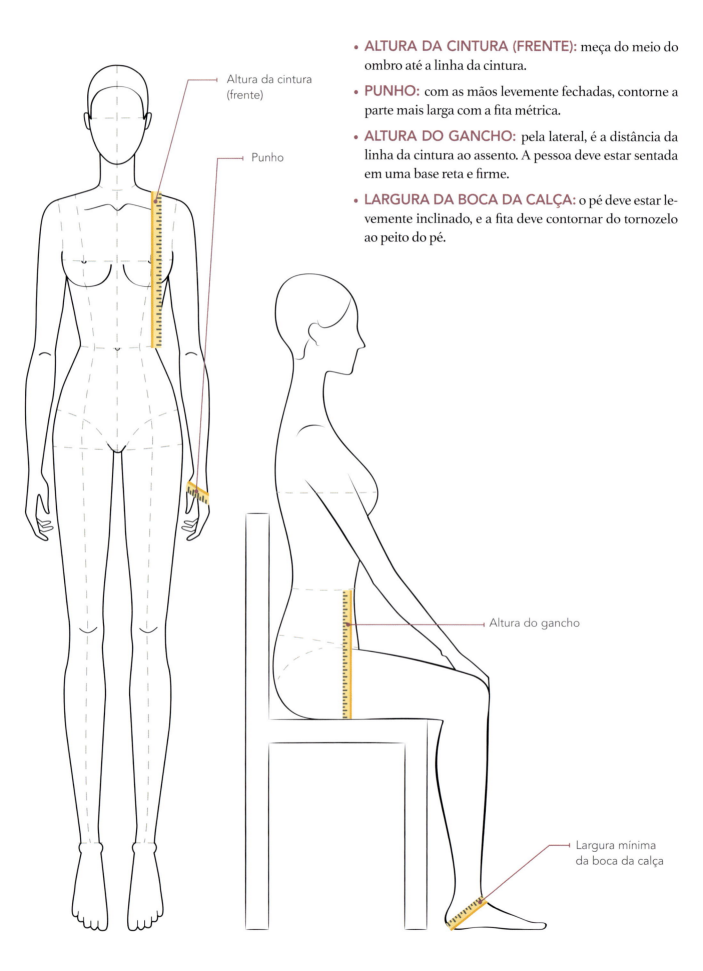

- **ALTURA DA CINTURA (FRENTE):** meça do meio do ombro até a linha da cintura.
- **PUNHO:** com as mãos levemente fechadas, contorne a parte mais larga com a fita métrica.
- **ALTURA DO GANCHO:** pela lateral, é a distância da linha da cintura ao assento. A pessoa deve estar sentada em uma base reta e firme.
- **LARGURA DA BOCA DA CALÇA:** o pé deve estar levemente inclinado, e a fita deve contornar do tornozelo ao peito do pé.

Tabela de medidas femininas

Observe, a seguir, uma tabela de medidas de corpo feminino.

TABELA DE MEDIDAS FEMININAS	36	38	40	42	44	46	48	50
BUSTO	80	84	88	92	96	100	104	108
CINTURA	62	66	70	74	78	82	86	90
QUADRIL	90	94	98	102	106	110	114	118
ALTURA DO QUADRIL	19	19,5	20	20,5	21	21,5	22	22,5
ALTURA DA CINTURA (FRENTE)	39	40	41	42	43	44	45	46
ALTURA DA CINTURA (COSTAS)	37	38	39	40	41	42	43	44
ALTURA DO BUSTO	24	24,5	25	25,5	26	26,5	27	27,5
COSTADO/OMBRO A OMBRO	37	38	39	40	41	42	43	44
SEPARAÇÃO DE BUSTO	17	18	19	20	21	22	23	24
RAIO DO BUSTO	7	7,5	8	8,5	9	9,5	10	10,5
COMPRIMENTO DA MANGA	57	58	59	60	61	62	63	64
PUNHO	19	20	21	22	23	24	25	26
PESCOÇO	36	37	38	39	40	41	42	43
OMBRO	11	11,5	12	12,5	13	13,5	14	14,5
QUEDA DE OMBRO	3,6	3,8	4	4,2	4,4	4,6	4,8	5
ALTURA DO GANCHO	26	27	28	29	30	31	32	33
LARGURA DA BOCA DA CALÇA	34,4	35,2	36	36,8	37,6	38,4	39,2	40
COMPRIMENTO DA CALÇA	101	102	103	104	105	106	107	108

- Comprimento para saias: 50 cm.
- Profundidade da pence do busto horizontal: diferença da altura da cintura da frente – altura da cintura das costas
- Largura da manga: ¾ do contorno da cava total
- Altura da cabeça da manga: ⅓ do contorno da cava total

Modelagem de saias

Base de saia

Passo a passo – Frente

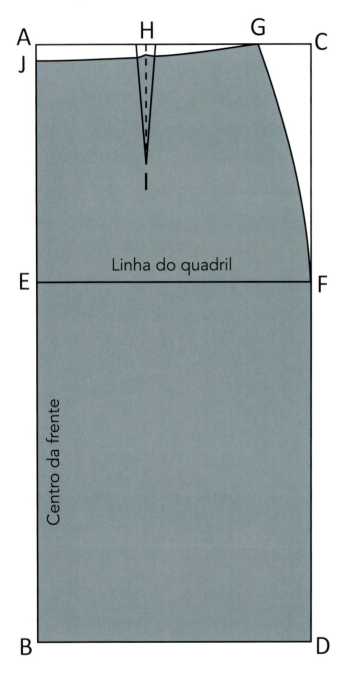

1- A↓B: comprimento da saia

2- A→C e B→D: esquadrar ¼ do quadril. Ligar C↓D com reta

3- A↓E e C↓F: marcar altura do quadril. Ligar E→F com reta (esta é a linha do quadril)

4- A→G: ¼ da cintura + 2 cm para a pence

5- Ligar G↘F com curva suave (usar a curva de alfaiate)

6- H: metade dos pontos A→G

7- H↓I: esquadrar o tamanho da pence (ver talela a seguir)

8- Traçar a pence: marcar 1 cm para cada lado do ponto H e unir com retas ao ponto I

9- A↓J: marcar 1,5 cm (medida-padrão para todos os tamanhos)

10- Dobrar a pence e, com ela dobrada, ligar J↗G com curva suave para formar a linha da cintura (usar curva de alfaiate)

11- Passar o rolete no volume da pence dobrada, marcando a linha da cintura

| MEDIDA DA PENCE ||
TAMANHO	MEDIDA DA PENCE
34	10,5 cm
36	11 cm
38	11,5 cm
40	12 cm
42	12,5 cm
44	13 cm
46	13,5 cm
48	14 cm
50	14,5 cm

Passo a passo – Costas

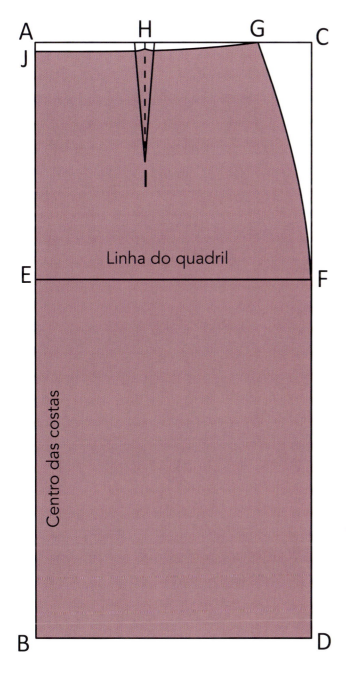

1- A↓B: comprimento da saia

2- A→C e B→D: esquadrar ¼ da medida do quadril. Ligar C↓D com reta

3- A↓E e C↓F: marcar altura do quadril. Ligar E→F com reta (essa é a linha do quadril)

4- A→G: marcar ¼ da cintura + 2 cm para a pence

5- Ligar G↘F com curva suave (usar curva de alfaiate)

6- H: metade dos pontos A→G

7- H↓I: esquadrar tamanho da pence + 2 cm*

8- Traçar a pence: marcar 1 cm para cada lado do ponto H e unir com retas ao ponto I

9- A↓J: marcar 1 cm (medida-padrão para todos os tamanhos)

10- Dobrar a pence e, com ela dobrada, ligar J↗G com curva suave para formar a linha da cintura (usar curva de alfaiate)

11- Passar o rolete no volume da pence dobrada, marcando a linha da cintura

*A pence das costas é 2 cm maior que a pence da frente.

Saia reta

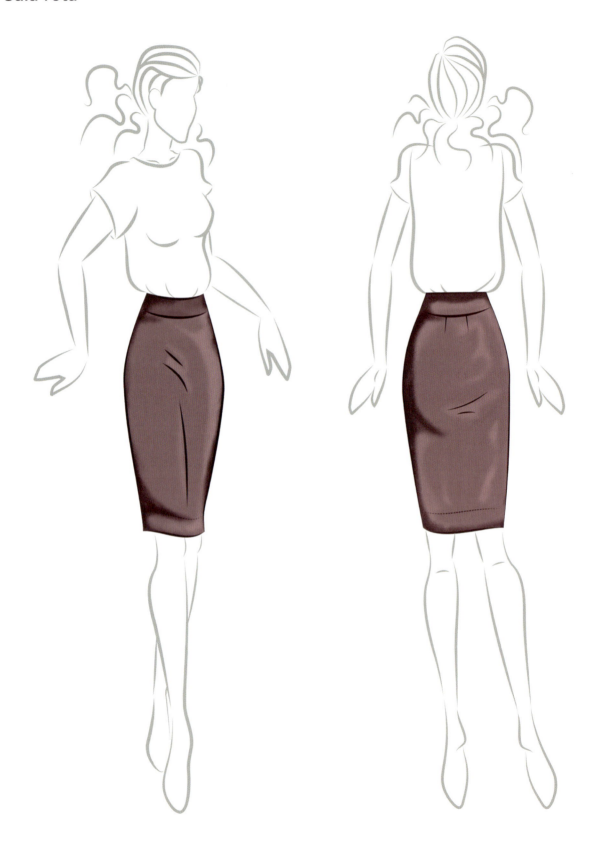

FICHA TÉCNICA			
Nome da empresa/cliente:			Data de emissão:
Modelo/ref.: saia reta/ref.: 001			Data de entrega:
Descrição: saia reta com cós, zíper invisível na lateral			Coleção/ano:
^^^			Tempo:
Matéria principal	Nome	Composição	Cor ou estampa	Gasto
^^				
^^	Fabricante	Fornecedor	Largura	Preço
^^				
Matéria secundária	Nome	Composição	Cor ou estampa	Gasto
^^				
^^	Fabricante	Fornecedor	Largura	Preço
^^				
Aviamentos	Nome	Tamanho	Cor	Quantidade
^^				
^^				
^^				
^^	Fabricante	Fornecedor		Preço
^^				
^^				
^^				
Etiquetas (tipo e localização):
Beneficiamentos:
Desenho técnico: / Amostras:
Análise crítica de vestibilidade e melhoria de produto
Problemas encontrados / Soluções
Avaliação piloto: aprovado ( )   reprovado ( )   Assinatura:

Interpretação da modelagem

Saia reta – Frente e costas

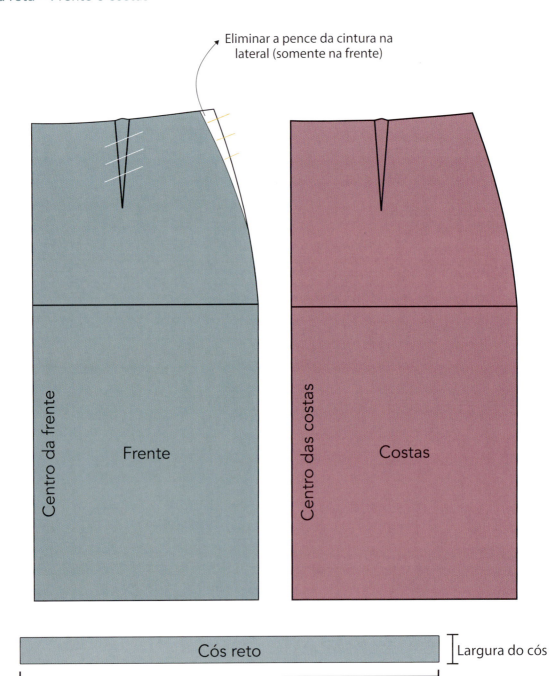

Molde: margens de costura e marcações

Saia reta – Frente e costas

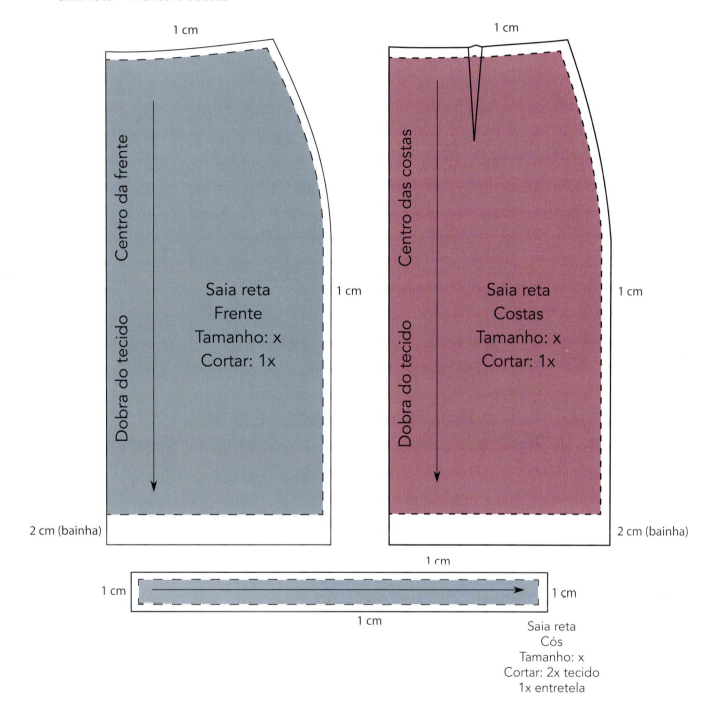

Saia evasê

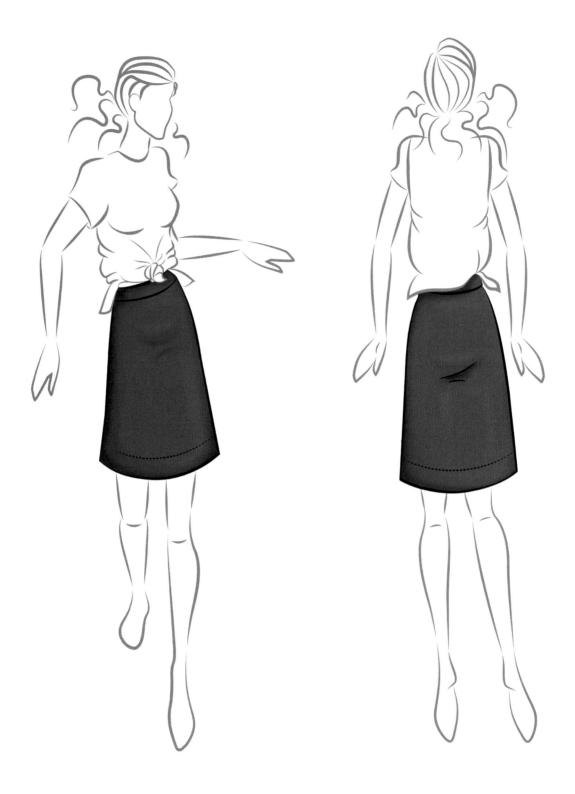

FICHA TÉCNICA				
Nome da empresa/cliente:				Data de emissão:
Modelo/ref.: saia evasê/ref.: 002				Data de entrega:
Descrição: saia evasê com cós, zíper invisível na lateral				Coleção/ano:
^				Tempo:
Matéria principal	Nome	Composição	Cor ou estampa	Gasto
	Fabricante	Fornecedor	Largura	Preço
Matéria secundária	Nome	Composição	Cor ou estampa	Gasto
	Fabricante	Fornecedor	Largura	Preço
Aviamentos	Nome	Tamanho	Cor	Quantidade
	Fabricante	Fornecedor		Preço

Etiquetas (tipo e localização):

Beneficiamentos:

Desenho técnico: Amostras:

Análise crítica de vestibilidade e melhoria de produto

Problemas encontrados	Soluções

Avaliação piloto: aprovado ( )   reprovado ( )   Assinatura:

Interpretação da modelagem

Saia evasê – Frente e costas

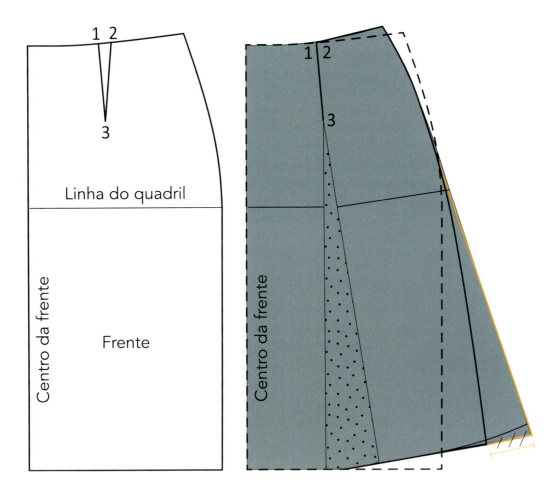

1- Riscar a base da saia da frente em um papel e marcar os pontos 1, 2 e 3 na pence (conforme o desenho)

2- Sobrepondo a base sobre o desenho feito, colocar um lápis no ápice da pence (número 3) e girar o molde até o ponto 2 tocar o ponto 1

3- Em seguida, traçar o restante da base que ficou fora do desenho após o giro, do número 2 para a direita, conforme o desenho

(Quando a pence fecha na cintura, ela abre na barra e forma o evasê da saia.)

4- Para um evasê maior, adicionar alguns centímetros à lateral da peça (conforme o desenho) e ligar com reta até a curva do quadril

5- Suavizar a curva da barra da saia, se necessário

6- Ajustar comprimento da lateral para não formar bico

7- Nas costas, realizar o mesmo processo com a base das costas da saia

CAPÍTULO 2 • *Projeto e modelagem de peças dos vestuários feminino e masculino* 53

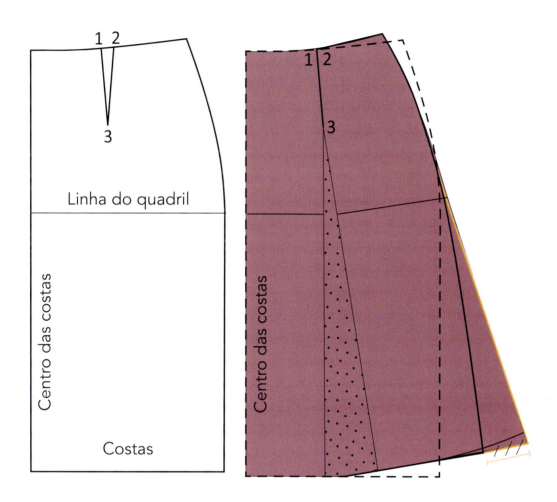

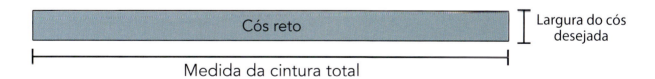

Saia evasê – Cós reto

Molde: margens de costura e marcações

Saia evasê – Frente e costas

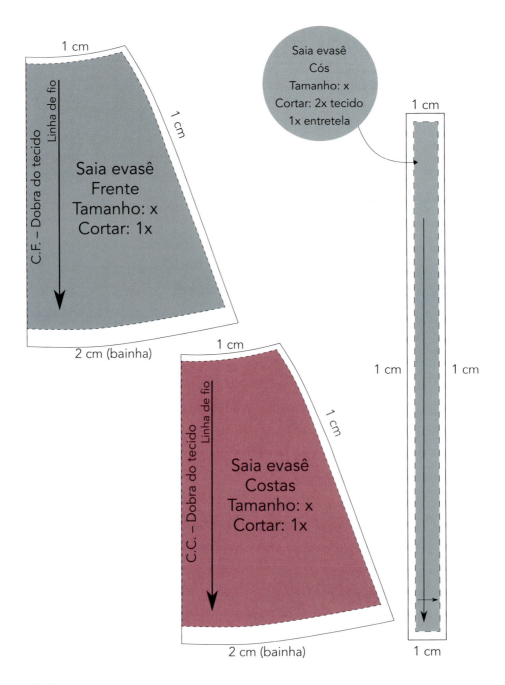

C.F.: Centro da frente
C.C.: Centro das costas

Saia godê 90°

FICHA TÉCNICA				
Nome da empresa/cliente:			Data de emissão:	
Modelo/ref.: saia godê 90°/ref.: 003			Data de entrega:	
Descrição: saia godê 90°, zíper invisível nas costas, bainha de lenço			Coleção/ano:	
^			Tempo:	
Matéria principal	Nome	Composição	Cor ou estampa	Gasto
	Fabricante	Fornecedor	Largura	Preço
Matéria secundária	Nome	Composição	Cor ou estampa	Gasto
	Fabricante	Fornecedor	Largura	Preço
Aviamentos	Nome	Tamanho	Cor	Quantidade
	Fabricante	Fornecedor		Preço

Etiquetas (tipo e localização):

Beneficiamentos:

Desenho técnico:

Amostras:

Análise crítica de vestibilidade e melhoria de produto

Problemas encontrados	Soluções

Avaliação piloto: aprovado ( )   reprovado ( )   Assinatura:

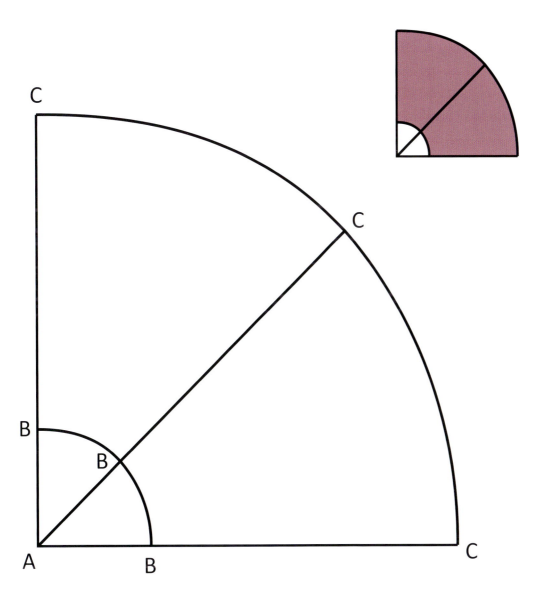

1- A↗B: 2x cintura total ÷ π (π =3,14)

2- Ligar B↘B↘B com curva, formando um semicírculo

3- B↗C: comprimento da saia

4- Ligar C↘C↘C com curva bem arredondada

Saia godê 180° ou meio godê

CAPÍTULO 2 • *Projeto e modelagem de peças dos vestuários feminino e masculino*

FICHA TÉCNICA			
Nome da empresa/cliente:			Data de emissão:
Modelo/ref.: saia godê 180°/ref.: 004			Data de entrega:
Descrição: saia godê 180°, zíper invisível nas costas, bainha de lenço			Coleção/ano:
			Tempo:
Matéria principal	Nome	Composição	Cor ou estampa	Gasto
	Fabricante	Fornecedor	Largura	Preço
Matéria secundária	Nome	Composição	Cor ou estampa	Gasto
	Fabricante	Fornecedor	Largura	Preço
Aviamentos	Nome	Tamanho	Cor	Quantidade
	Fabricante	Fornecedor		Preço
Etiquetas (tipo e localização):			
Beneficiamentos:			
Desenho técnico:			Amostras:
Análise crítica de vestibilidade e melhoria de produto			
Problemas encontrados			Soluções
Avaliação piloto: aprovado ( ) reprovado ( )			Assinatura:

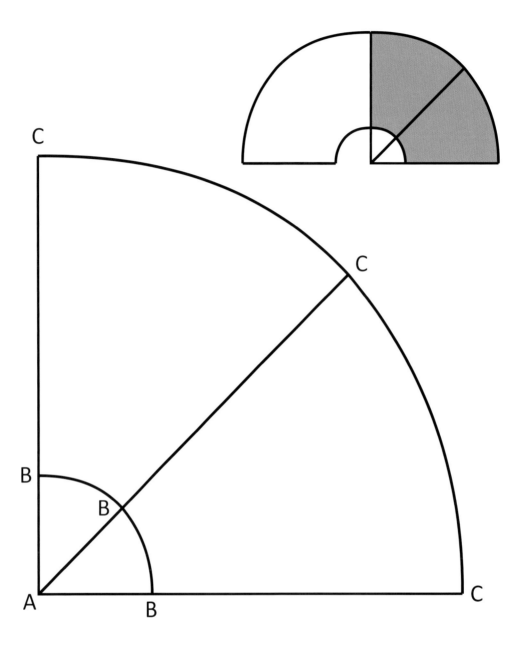

1- A ↱ B: cintura total ÷ π (π =3,14)

2- Ligar B ↓ B ↓ B com curva, formando um semicírculo

3- B ↱ C: comprimento da saia

4- Ligar C ↓ C ↓ C com curva bem arredondada

Saia godê 270° ou ¾

FICHA TÉCNICA			
Nome da empresa/cliente:			Data de emissão:
Modelo/ref.: saia godê 270°/ref.: 005			Data de entrega:
Descrição: saia godê 270°, zíper invisível nas costas, bainha de lenço			Coleção/ano:
^^^			Tempo:
Matéria principal	Nome	Composição	Cor ou estampa	Gasto
	Fabricante	Fornecedor	Largura	Preço
Matéria secundária	Nome	Composição	Cor ou estampa	Gasto
	Fabricante	Fornecedor	Largura	Preço
Aviamentos	Nome	Tamanho	Cor	Quantidade
	Fabricante	Fornecedor		Preço

Etiquetas (tipo e localização):

Beneficiamentos:

Desenho técnico: | Amostras:

270°

Análise crítica de vestibilidade e melhoria de produto

Problemas encontrados	Soluções

Avaliação piloto: aprovado ( )   reprovado ( )   Assinatura:

CAPÍTULO 2 • *Projeto e modelagem de peças dos vestuários feminino e masculino* ✂-- 63

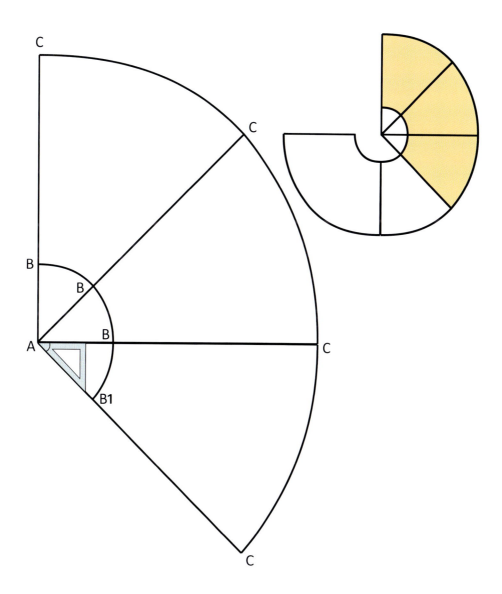

1- A ↰ B: 2x cintura total ÷ 3π (π =3,14)[1]

2- Ligar B ↘ B ↘ B ↘ B1 com curva, formando um semicírculo

3- B ↰ C: comprimento da saia

4- Ligar C ↘ C ↘ C ↘ C com curva bem arredondada

IMPORTANTE: A ↘ B1 fazer ângulo de 45°

Saia godê 360°, godê inteiro ou godê guarda-chuva

CAPÍTULO 2 • *Projeto e modelagem de peças dos vestuários feminino e masculino* 65

FICHA TÉCNICA			
Nome da empresa/cliente:			Data de emissão:
Modelo/ref.: saia godê 360°/ref.: 006			Data de entrega:
Descrição: saia godê 360°, zíper invisível nas costas, bainha de lenço			Coleção/ano:
			Tempo:
Matéria principal	Nome	Composição	Cor ou estampa	Gasto
	Fabricante	Fornecedor	Largura	Preço
Matéria secundária	Nome	Composição	Cor ou estampa	Gasto
	Fabricante	Fornecedor	Largura	Preço
Aviamentos	Nome	Tamanho	Cor	Quantidade
	Fabricante	Fornecedor		Preço
Etiquetas (tipo e localização):			
Beneficiamentos:			
Desenho técnico:			Amostras:
Análise crítica de vestibilidade e melhoria de produto			
Problemas encontrados			Soluções
Avaliação piloto: aprovado ( ) reprovado ( )			Assinatura:

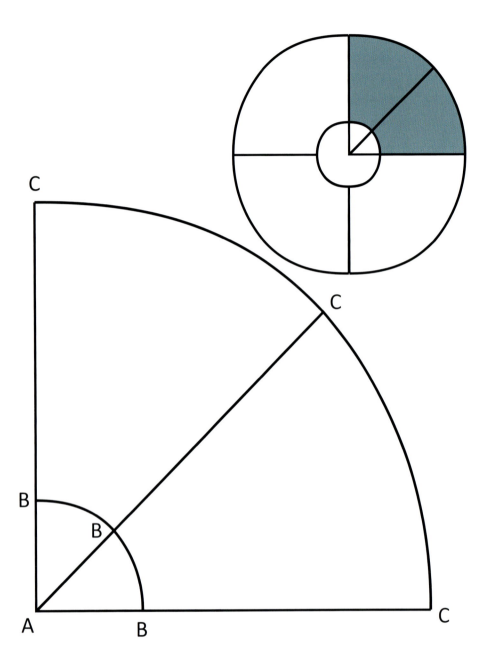

1- A↰B: 2x cintura total ÷ 2π (π =3,14)

2- Ligar B↘B↘B com curva, formando um semicírculo

3- B↰C: comprimento da saia

4- Ligar C↘C↘C com curva bem arredondada

Modelagem de blusas femininas

Base da blusa com duas pences

Frente

1- A↓B: altura da cintura da frente

2- A↓C: marcar metade de A↓B + 0,5 cm

3- A↓D: marcar altura do busto

4- A→E: esquadrar metade da medida do costado

5- C→F: esquadrar ¼ da medida do busto + 1 cm (linha da cava)

6- D→G: esquadrar ¼ da medida do busto + 1 cm (linha do busto)

7- B→H: esquadrar ¼ da medida da cintura + 3 cm para a pence (linha da cintura)

8- Esquadrar o ponto E para baixo e marcar o ponto I na linha da cava

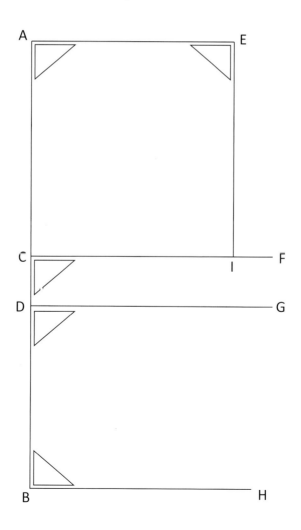

9- A→J: ¼ da medida do pescoço - 2,5 cm

10- A↓K: ¼ da medida do pescoço - 3 cm

11- Ligar K ↗ J com curva, formando o decote da frente (esquadrar o ponto K)

12- E↓L: marcar medida da queda do ombro (ver tabela de medidas)

13- Ligar J↘L com reta

14- J↘M: marcar a medida do ombro

15- N: metade de L↓I

16- N←O: esquadrar 2,5 cm (medida-padrão para todos os tamanhos)

17- Ligar M ↘ O ↘ F com curva, formando a cava da frente (usar curva francesa)

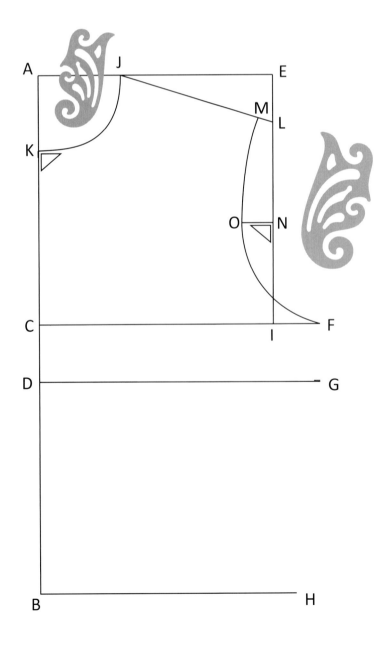

18- D→P e B→Q: marcar metade da separação do busto

19- Ligar P↓Q com reta

20- Marcar 1,5 cm para cada lado do ponto Q (marcar Q1 e Q2) e ligar com P, formando a pence da cintura (conforme desenho)

21- P→R: entre 3 cm e 4 cm

22- Marcar profundidade da pence do busto, metade para cada lado do ponto G. Esquadrar e marcar os pontos G1 e G2 (A medida da profundidade da pence do busto é a diferença da altura da cintura da frente menos a altura da cintura das costas)*

23- Ligar G1↙R↘G2 com retas para formar a pence do busto

24- Dobrar a pence do busto e traçar reta F↙H com a pence dobrada

25- Marcar volume da pence com rolete

* A pence do busto não deve ter profundidade maior que 5 cm.

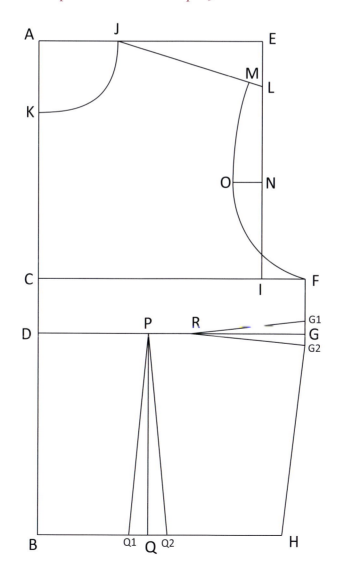

Costas

1- A↓B: altura da cintura das costas

2- A↓C: marcar mesma medida de A↓C na frente

3- A↓D: marcar altura do busto

4- A→E: esquadrar metade da medida do costado

5- D→F: esquadrar ¼ da medida do busto - 1 cm

6- B→G: ¼ da cintura + 2 cm para a pence (linha da cintura)

7- C→ esquadrar uma reta para o lado, sem medida por enquanto, maior que a reta D→F, conforme o desenho (linha da cava)

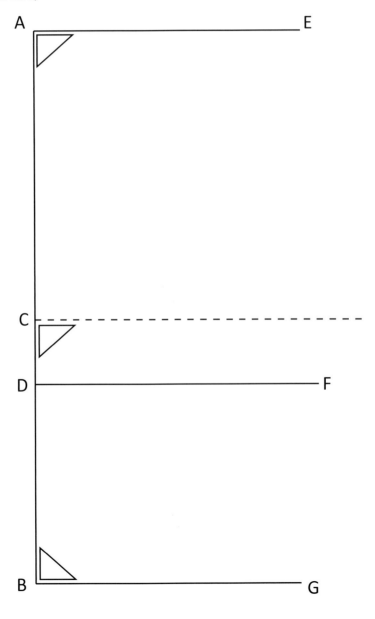

8- Ligar G↗F com reta e estender essa linha até encostar na linha C e marcar ponto H na interseção, conforme o desenho

9- Esquadrar E para baixo e marcar o ponto I na linha da cava, conforme o desenho H

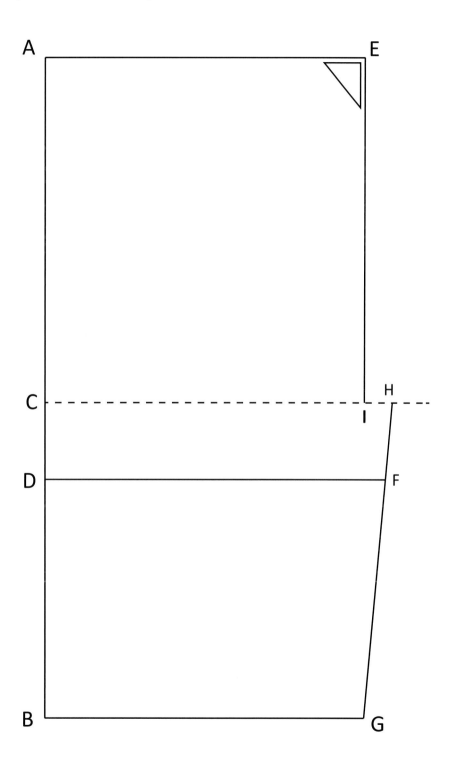

10- A→J: ¼ da medida do pescoço - 2,5 cm

11- J↑K: esquadrar metade da medida da queda do ombro

12- A↓L: 1,5 cm (medida-padrão para todos os tamanhos)

13- Ligar L↪K com curva, formando o decote das costas (esquadrar ponto L)

14- E↓M: marcar metade da medida da queda do ombro

15- Ligar K↘M com reta

16- K↘N: marcar medida do ombro

17- O: metade de M↓I

18- O←P: esquadrar 1,5 cm*

19- Ligar N↓P com reta e P↘H com curva, formando a cava das costas

*Essa medida é flexível; pode ser maior se for necessário.

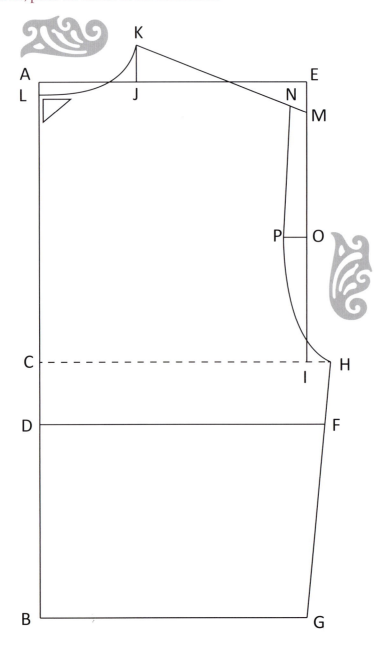

20- Q: metade de B→G

21- Esquadrar o ponto Q para cima e marcar o ponto R conforme o desenho

22- Marcar 1 cm para cada lado do ponto Q (e marcar pontos Q1 e Q2) e ligar com ponto R, formando a pence das costas

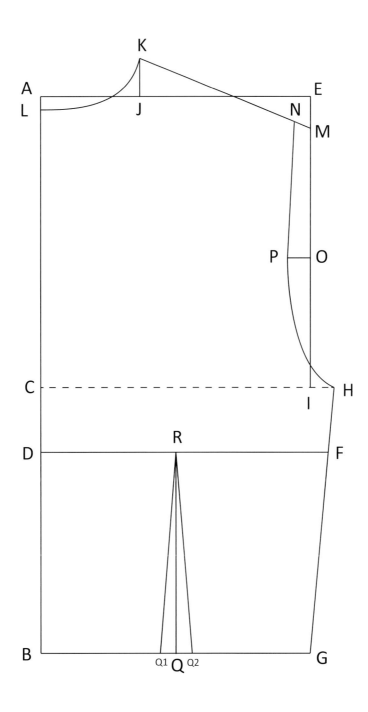

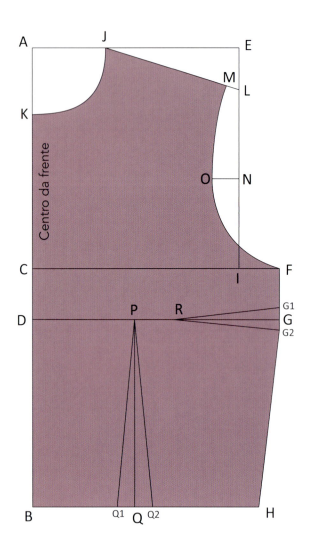
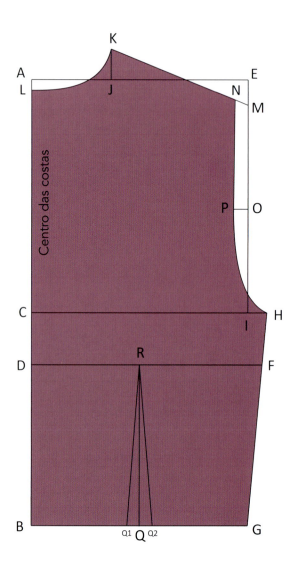

Transferência de pences

A pence existe para que a roupa se ajuste e se acomode melhor no corpo, principalmente nas partes mais curvas ou volumosas, como busto e quadril. Na modelagem, podemos colocá-las estrategicamente onde desejarmos para promover um encaixe de silhueta diferenciado ou mesmo para estilizá-la. Chamamos esse recurso de transferência de pence. Aqui veremos as transferências clássicas.

Posições possíveis para pences

A: pence no ombro

B: pence na cava (recorte princesa)

C: pence lateral inclinada

D: pence da cintura no centro da frente

E: pence do centro da frente

F: pence do decote no centro da frente

G: pence no decote

H: pence de busto ou pence lateral

I: pence na cintura

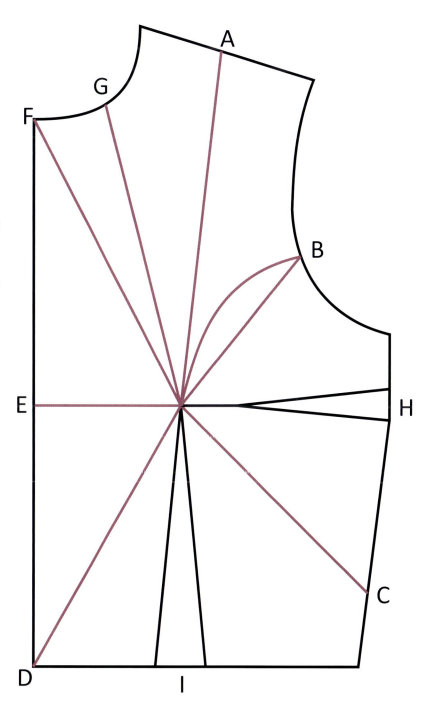

Pence na cava ou recorte princesa

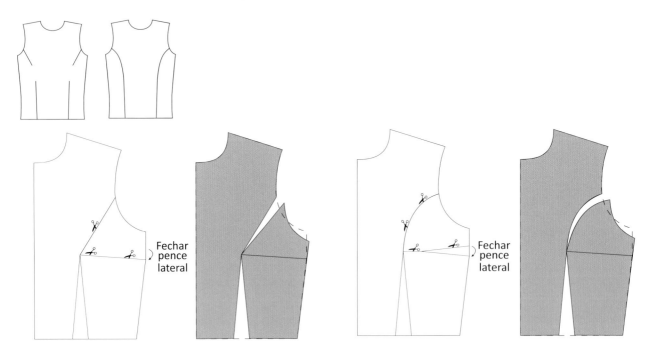

Pence lateral inclinada

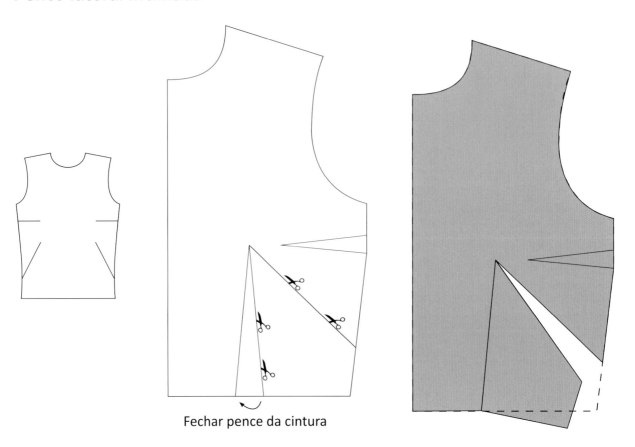

Fechar pence da cintura

Pence da cintura no centro da frente

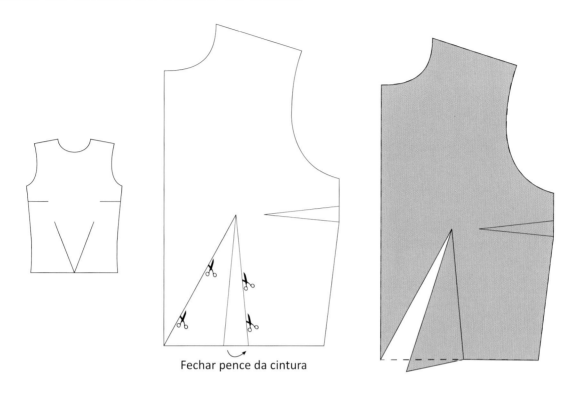

Fechar pence da cintura

Pence do centro da frente

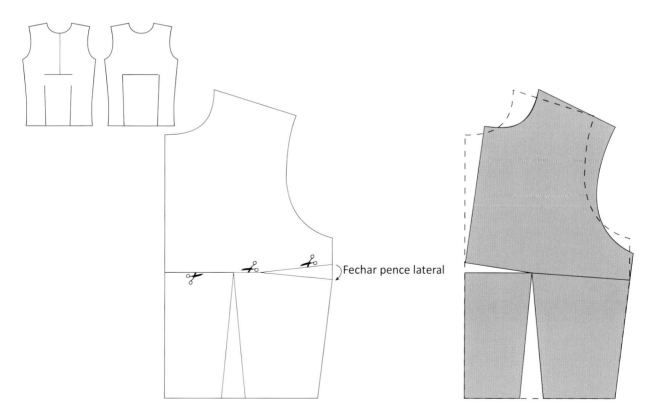

Fechar pence lateral

Pence do decote no centro da frente

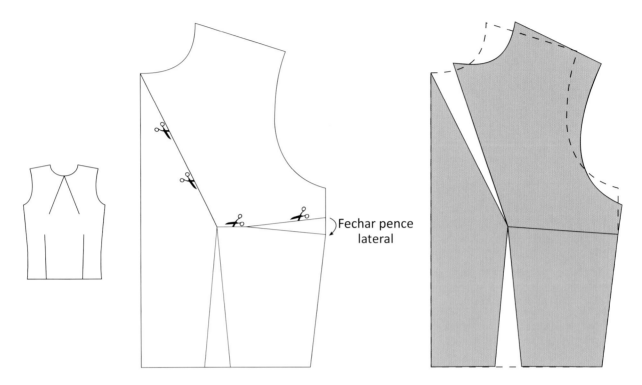

Pence no decote

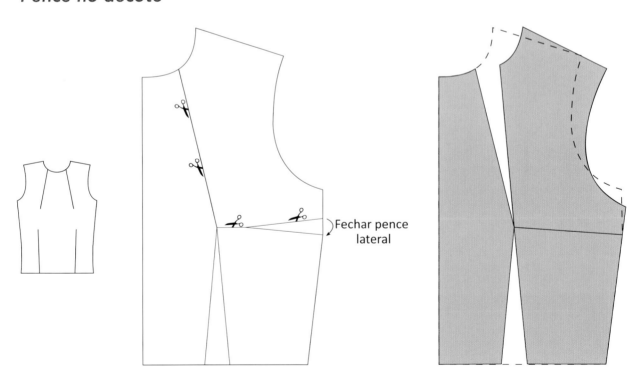

Pence única lateral

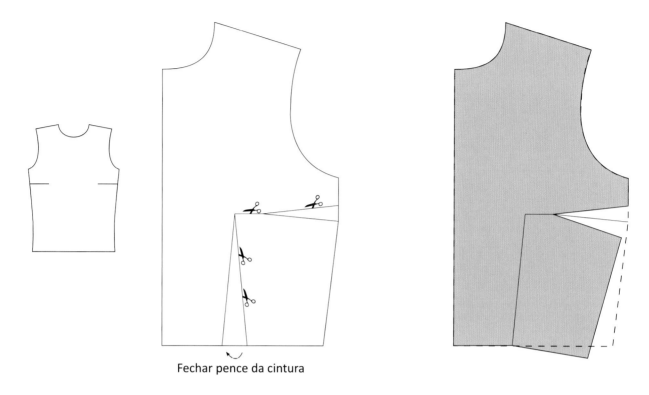

Fechar pence da cintura

Pence no ombro ou recorte vertical clássico

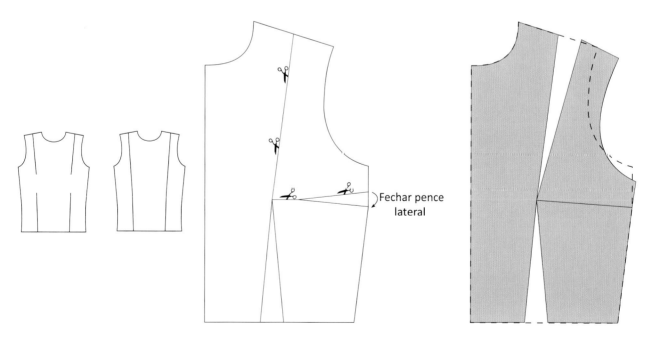

Fechar pence lateral

Pence no decote e lateral inclinada

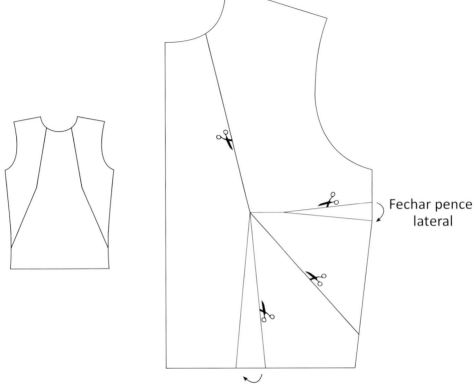

Fechar pence lateral

Fechar pence da cintura

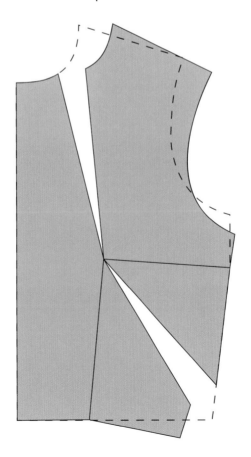

Base da blusa com uma pence

Frente

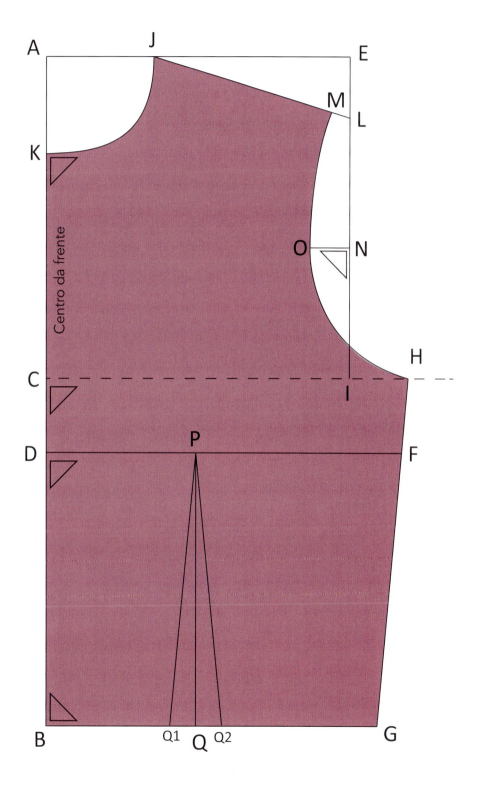

1- A↓B: altura da cintura da frente
2- A↓C: metade de A↓B
3- A↓D: altura do busto
4- A→E: esquadrar metade da medida do costado
5- D→F: esquadrar ¼ da medida do busto + 1 cm (linha do busto)
6- C→: esquadrar uma reta para o lado, sem medida, inicialmente, maior que a reta D→F, conforme o desenho (esta será a linha da cava)
7- B→G: esquadrar ¼ da medida da cintura + 3 cm para a pence (linha da cintura)
8- Ligar G↗F com reta e estender essa linha até encostar na linha C e marcar o ponto H na interseção, conforme o desenho
9- Esquadrar o ponto E para baixo e marcar o ponto I na linha da cava
10- A→J: ¼ da medida do pescoço - 2,5 cm
11- A↓K: ¼ da medida do pescoço - 3 cm
12- Ligar K ↗ J com curva, formando o decote da frente (esquadrar o ponto K)
13- E↓L: marcar a queda do ombro (ver tabela de medidas)
14- Ligar J↘L com reta
15- J↘M: marcar a medida do ombro
16- N: metade de L↓I
17- N←O: esquadrar 2,5 cm (medida-padrão para todos os tamanhos)
18- Ligar M↘O↘H com curva, formando a cava da frente
19- D→P e B→Q: metade da separação do busto
20- Ligar P↓Q com reta
21- Marcar 1,5 cm para cada lado do ponto Q (marcar Q1 e Q2) e ligar com P, formando a pence da cintura

CAPÍTULO 2 • *Projeto e modelagem de peças dos vestuários feminino e masculino* 83

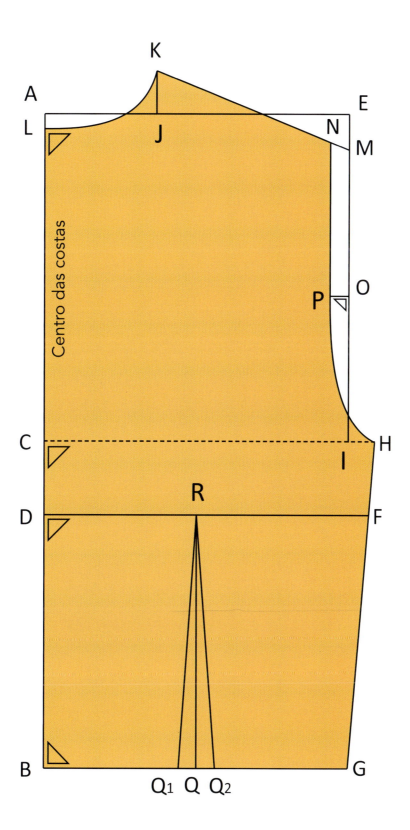

Costas

1- A↓B: altura da cintura da frente

2- A↓C: metade de A↓B

3- A↓D: altura do busto

4- A→E: esquadrar metade da medida do costado

5- D→F: esquadrar ¼ da medida do busto - 1 cm

6- C→: esquadrar uma reta para o lado, sem medida, inicialmente, maior que a reta D→F, conforme o desenho (esta será a linha da cava)

7- B→G: esquadrar ¼ da cintura + 2 cm para a pence (linha da cintura)

8- Ligar G↗F com reta e estender essa linha até encostar na linha C e marcar o ponto H na interseção, conforme o desenho

9- Esquadrar E para baixo e marcar o ponto I na linha da cava (conforme o desenho)

10- A→J: ¼ do pescoço - 2,5 cm

11- J↑K: metade da medida da queda do ombro

12- A↓L: 1,5 cm (medida-padrão para todos os tamanhos)

13- Ligar L↗K com curva, formando o decote das costas (esquadrar ponto L)

14- E↓M: marcar metade da queda do ombro

15- Ligar K↘M com reta

16- K↘N: marcar a medida do ombro

17- O: metade de M↓I

18- O←P: esquadrar 1,5 cm*

19- Ligar N↓P com reta e P↘H com curva, formando a cava das costas

20- Q: metade de B→G

21- Esquadrar o ponto Q para cima e marcar o ponto R (conforme o desenho)

22- Marcar 1 cm para cada lado do ponto Q (indicando os pontos Q1 e Q2) e ligar com o ponto R, formando a pence das costas

*Essa medida é flexível; pode ser maior se for necessário.

Base de manga

1- A↓B: comprimento da manga

2- A↓C: altura da cabeça da manga (⅓ da cava total)

3- D←C→E: largura da manga (¾ da cava total), esquadrar metade para cada lado do ponto C

4- Ligar, com reta, A↙D e A↘E

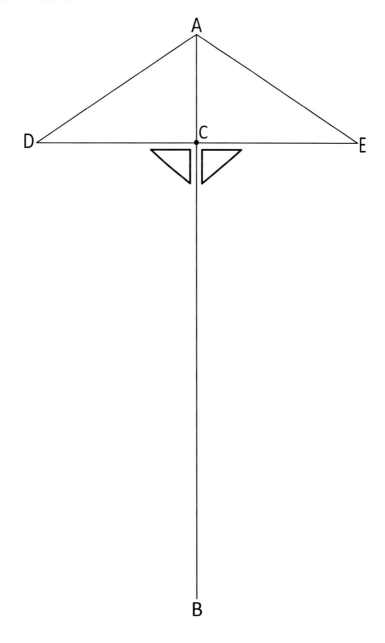

5- Dividir a linha A↘E em quatro partes e marcar os pontos F, G e H (conforme o desenho)

6- F↗I: 1,5 cm (medida-padrão para todos os tamanhos)

7- H↙J: 1 cm (medida-padrão para todos os tamanhos)

8- Ligar, com curva, os pontos A↘I↘G↙J↙E (com curva francesa)

9- Dividir a linha A↙D em três partes iguais e marcar os pontos K e L (conforme o desenho)

10- M: metade de L↙D

11- K↖N: 2 cm (medida-padrão para todos os tamanhos)

12- M↘O: 0,5 cm (medida-padrão para todos os tamanhos)

13- Ligar com curva os pontos A↙N↙L↙O↙D (com curva francesa)

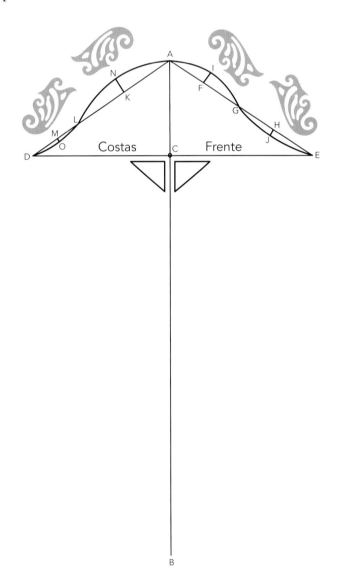

14- P←B→Q: metade da medida do punho para cada lado do ponto B

15- Ligar D↘P e E↙Q com reta

16- A linha de fio é a linha A↓B

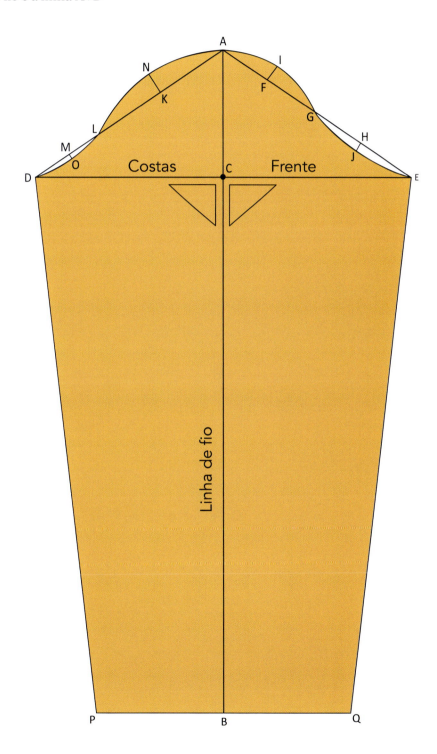

Marcação do pique na cabeça da manga

Para marcar o pique referente ao ombro na cabeça da manga: marcar na curva da cabeça as medidas da cava da frente e da cava das costas (conforme o desenho).

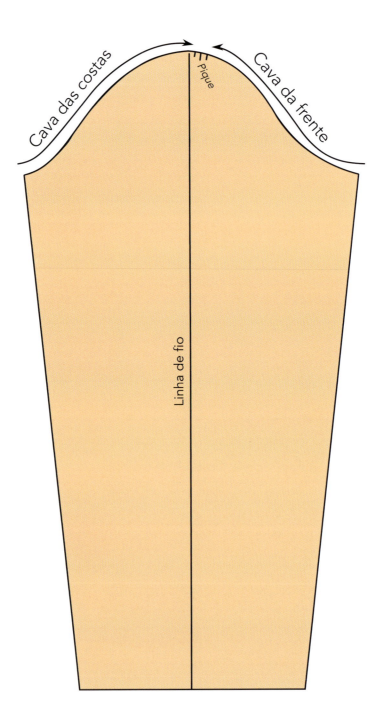

Blusa básica

FICHA TÉCNICA				
Nome da empresa/cliente:				Data de emissão:
Modelo/ref.: blusa básica/ref.: 007				Data de entrega:
Descrição: blusa básica com gota nas costas e fechamento com aselha				Coleção/ano:
				Tempo:
Matéria principal	Nome	Composição	Cor ou estampa	Gasto
	Fabricante	Fornecedor	Largura	Preço
Matéria secundária	Nome	Composição	Cor ou estampa	Gasto
	Fabricante	Fornecedor	Largura	Preço
Aviamentos	Nome	Tamanho	Cor	Quantidade
	Fabricante	Fornecedor		Preço
Etiquetas (tipo e localização):				
Beneficiamentos:				
Desenho técnico:				Amostras:
Análise crítica de vestibilidade e melhoria de produto				
Problemas encontrados				Soluções
Avaliação piloto: aprovado ( ) reprovado ( )				Assinatura:

Interpretação da modelagem

Frente e costas

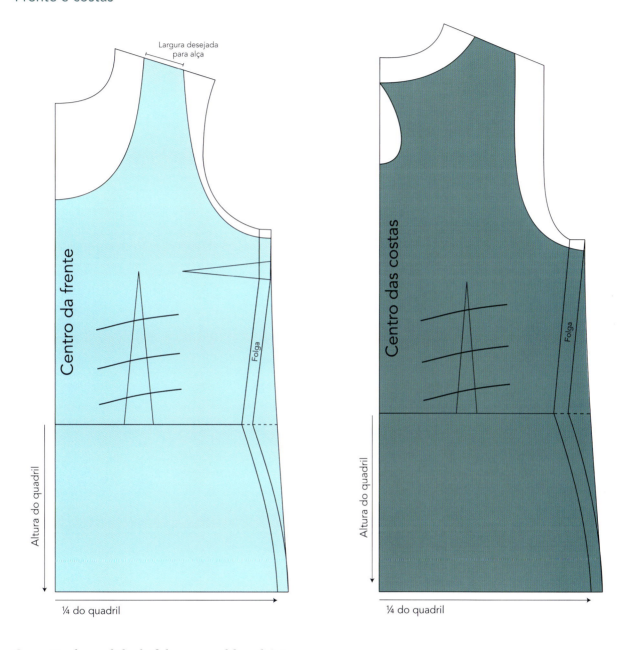

Sugestão de medida de folga para a blusa básica: 1,5 cm

Limpeza – Frente e costas

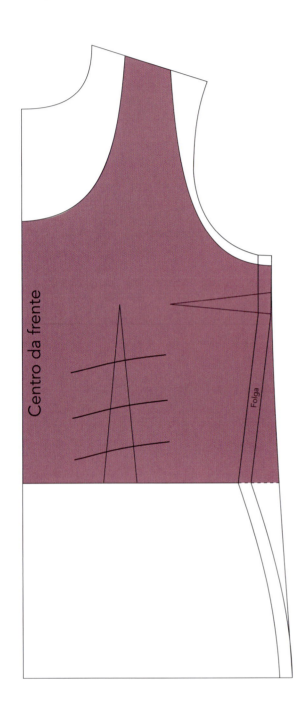
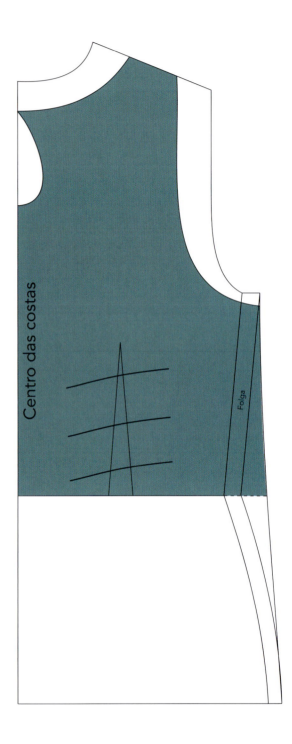

Molde – Margens de costura e identificações

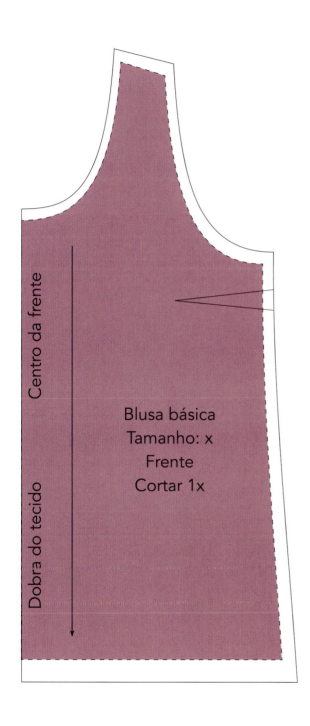
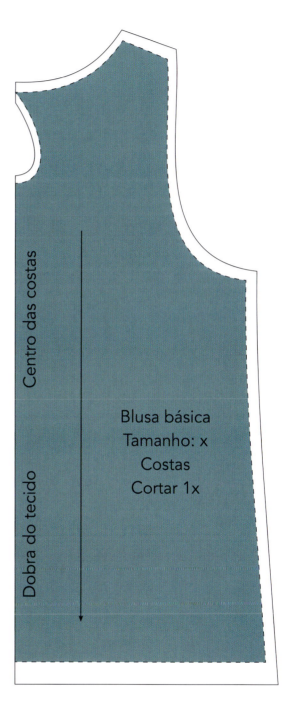

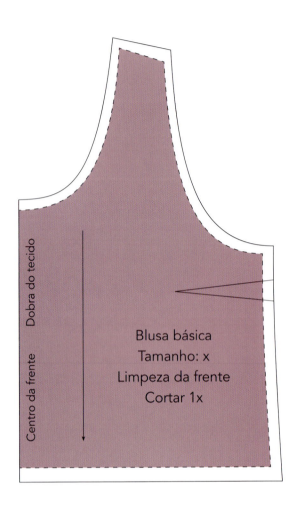

Blusa peplum

FICHA TÉCNICA					
Nome da empresa/cliente:			Data de emissão:		
Modelo/ref.: blusa peplum/ref.: 008			Data de entrega:		
Descrição: blusa peplum com cava americana abertura, abotoamento e zíper invisível nas costas			Coleção/ano:		
^			Tempo:		
Matéria principal	Nome	Composição	Cor ou estampa		Gasto
	Fabricante	Fornecedor	Largura		Preço
Matéria secundária	Nome	Composição	Cor ou estampa		Gasto
	Fabricante	Fornecedor	Largura		Preço
Aviamentos	Nome	Tamanho	Cor		Quantidade
	Fabricante	Fornecedor			Preço
Etiquetas (tipo e localização):						
Beneficiamentos:						
Desenho técnico:					Amostras:
Análise crítica de vestibilidade e melhoria de produto					
Problemas encontrados			Soluções		
Avaliação piloto: aprovado ( ) reprovado ( )			Assinatura:		

Interpretação da modelagem

Frente e costas

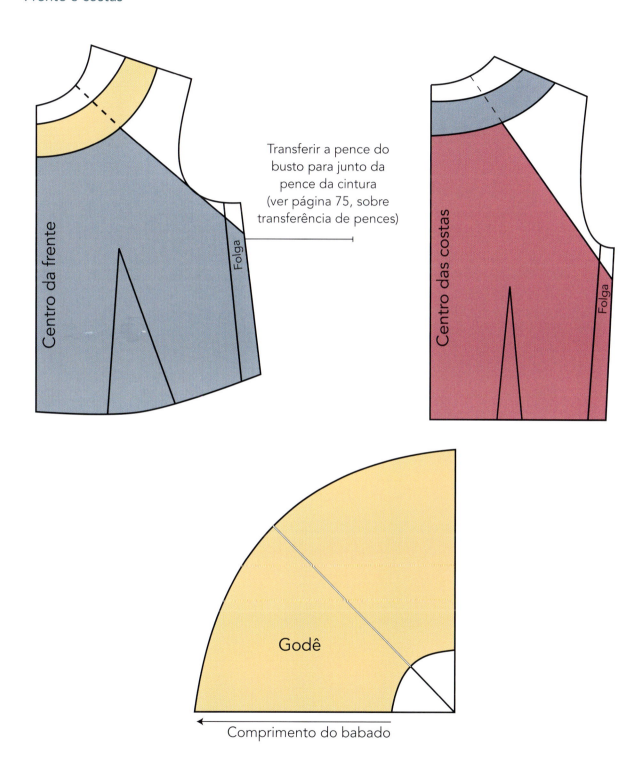

Sugestão de medida para a folga da blusa peplum: 1 cm

Modelagem de camisa social feminina

FICHA TÉCNICA			
Nome da empresa/cliente:			Data de emissão:
Modelo/ref.: camisa social feminina/ref.: 009			Data de entrega:
Descrição: camisa social, com colarinho americano, abotoamento sem tira de vista e punho chemisier			Coleção/ano:
			Tempo:
Matéria principal	Nome	Composição	Cor ou estampa	Gasto
	Fabricante	Fornecedor	Largura	Preço
Matéria secundária	Nome	Composição	Cor ou estampa	Gasto
	Fabricante	Fornecedor	Largura	Preço
Aviamentos	Nome	Tamanho	Cor	Quantidade
	Fabricante	Fornecedor		Preço

Etiquetas (tipo e localização):

Beneficiamentos:

Desenho técnico:

Amostras:

Análise crítica de vestibilidade e melhoria de produto

Problemas encontrados	Soluções

Avaliação piloto: aprovado (   )   reprovado (   )   Assinatura:

Interpretação da modelagem

Camisa social feminina – Frente e costas

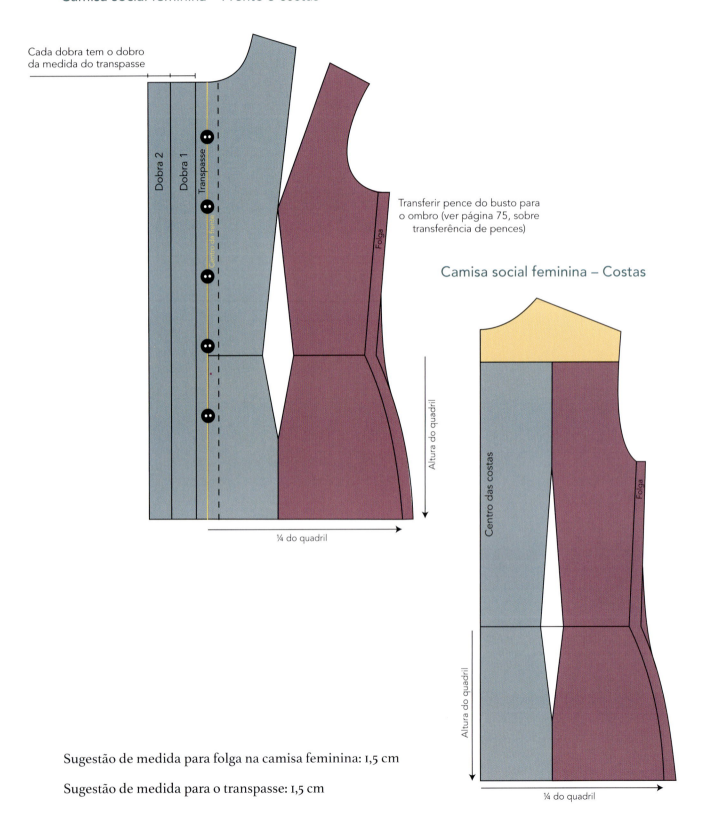

Sugestão de medida para folga na camisa feminina: 1,5 cm

Sugestão de medida para o transpasse: 1,5 cm

Camisa social feminina – Manga, punho e carcela

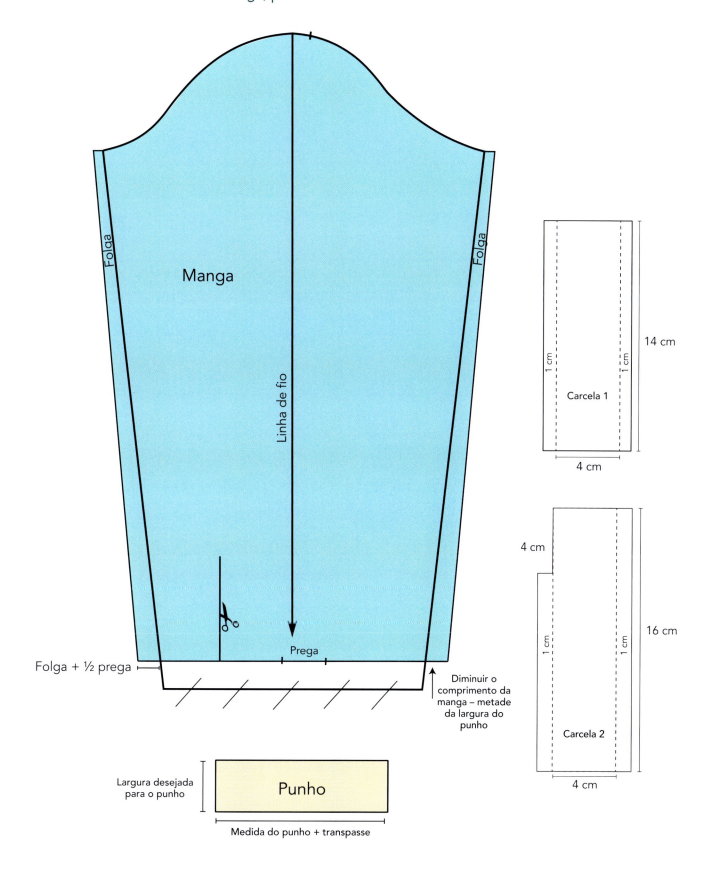

Camisa social feminina – Gola e pé de gola

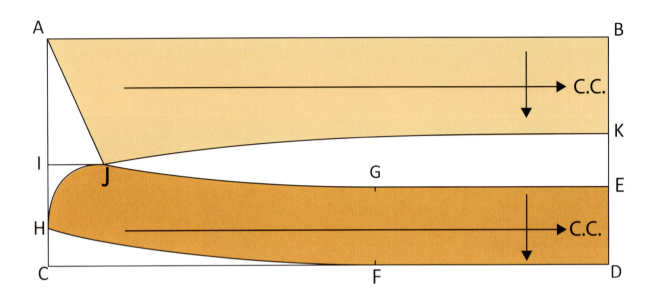

1- A→B e C→D: decote da frente + decote das costas + transpasse

2- A↓C e B↓D: 9 cm (essa medida é uma sugestão e pode ser alterada posteriormente)

3- D↑E: 3 cm

4- D←F e E←G: medida do decote das costas. Esquadrar o ponto E para traçar essa reta

5- C↑H: 1,5 cm. Unir H↘F com curva suave

6- H↑I: 2,5 cm

7- I→J: medida do transpasse + 0,5 cm

8- Unir J↙H com curva bem arredondada

9- Unir J↘G com curva suave

10- E↑K: 2 cm

11- Ligar K⌒J com curva suave

12- Ligar J↖A com reta

13- Identificar o que é gola e o que é pé de gola com cores diferentes e marcar dobra do tecido e C.C. (centro das costas) na linha B↓D

Modelagem de vestidos

Vestido tubinho

FICHA TÉCNICA				
Nome da empresa/cliente:				Data de emissão:
Modelo/ref.: vestido tubinho/ref.: 010				Data de entrega:
Descrição: vestido tubinho com recorte princesa, decote arredondado e zíper no centro das costas				Coleção/ano:
^				Tempo:
Matéria principal	Nome	Composição	Cor ou estampa	Gasto
	Fabricante	Fornecedor	Largura	Preço
Matéria secundária	Nome	Composição	Cor ou estampa	Gasto
	Fabricante	Fornecedor	Largura	Preço
Aviamentos	Nome	Tamanho	Cor	Quantidade
	Fabricante	Fornecedor		Preço
Etiquetas (tipo e localização):				
Beneficiamentos:				
Desenho técnico:				Amostras:
Análise crítica de vestibilidade e melhoria de produto				
Problemas encontrados				Soluções
Avaliação piloto: aprovado ( ) reprovado ( )				Assinatura:

Interpretação da modelagem

Vestido tubinho – Frente e costas

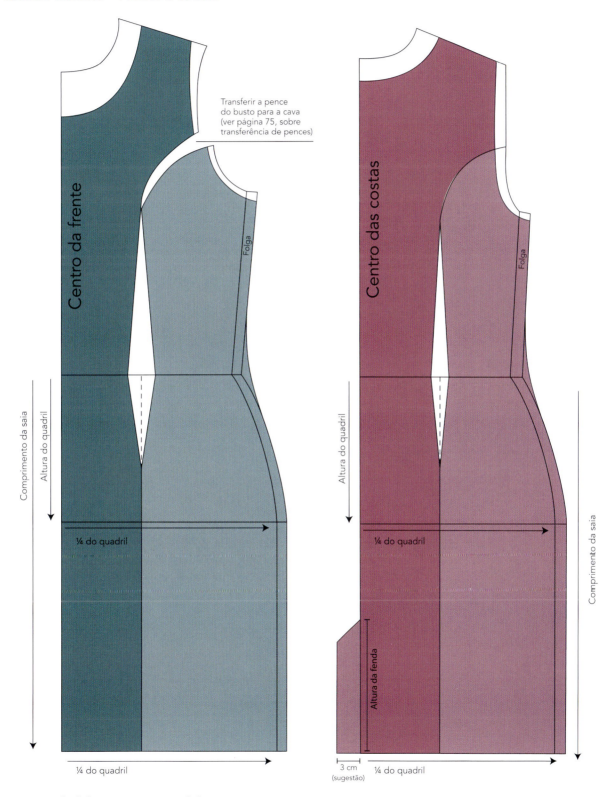

Sugestão de folga para este modelo: 1 cm

Vestido evasê

FICHA TÉCNICA				
Nome da empresa/cliente:				Data de emissão:
Modelo/ref.: vestido evasê/ref.: 011				Data de entrega:
Descrição: vestido evasê com recortes na parte superior, zíper invisível nas costas				Coleção/ano:
~				Tempo:
Matéria principal	Nome	Composição	Cor ou estampa	Gasto
	Fabricante	Fornecedor	Largura	Preço
Matéria secundária	Nome	Composição	Cor ou estampa	Gasto
	Fabricante	Fornecedor	Largura	Preço
Aviamentos	Nome	Tamanho	Cor	Quantidade
	Fabricante	Fornecedor		Preço

Etiquetas (tipo e localização):

Beneficiamentos:

Desenho técnico: Amostras:

Análise crítica de vestibilidade e melhoria de produto

Problemas encontrados	Soluções

Avaliação piloto: aprovado ( )   reprovado ( )   Assinatura:

Interpretação da modelagem

Vestido evasê – Frente e costas

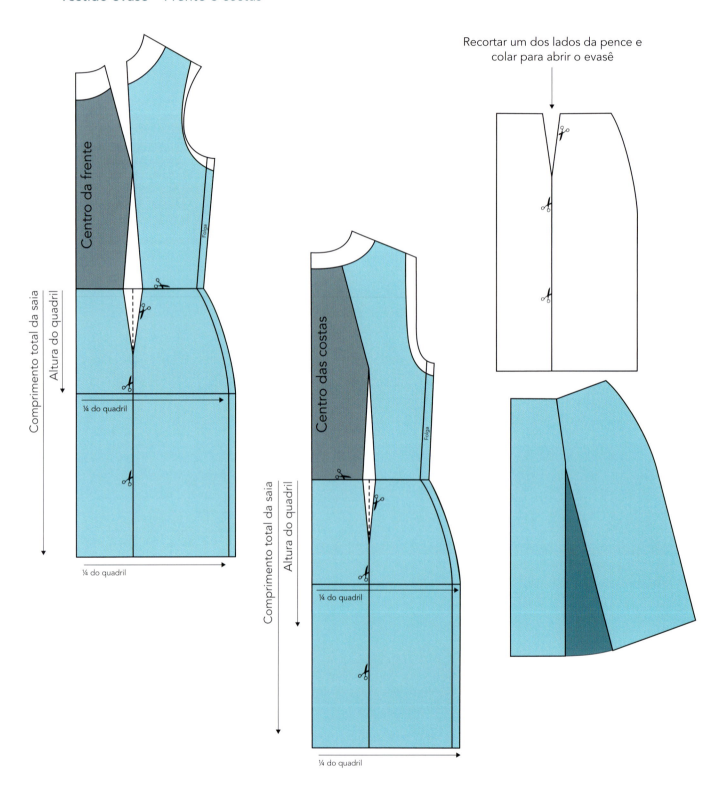

Sugestão de folga para este modelo: 1 cm

Vestido drapeado

FICHA TÉCNICA			
Nome da empresa/cliente:			Data de emissão:
Modelo/ref.: vestido drapeado/ref.: 012			Data de entrega:
Descrição: vestido tulipa, transpassado, com pences e pregas na cintura			Coleção/ano:
^^^			Tempo:
Matéria principal	Nome	Composição	Cor ou estampa	Gasto
	Fabricante	Fornecedor	Largura	Preço
Matéria secundária	Nome	Composição	Cor ou estampa	Gasto
	Fabricante	Fornecedor	Largura	Preço
Aviamentos	Nome	Tamanho	Cor	Quantidade
	Fabricante	Fornecedor		Preço

Etiquetas (tipo e localização):

Beneficiamentos:

Desenho técnico: Amostras:

Análise crítica de vestibilidade e melhoria de produto

Problemas encontrados	Soluções

Avaliação piloto: aprovado ( )   reprovado ( )   Assinatura:

Interpretação da modelagem

Vestido drapeado – Frente e costas

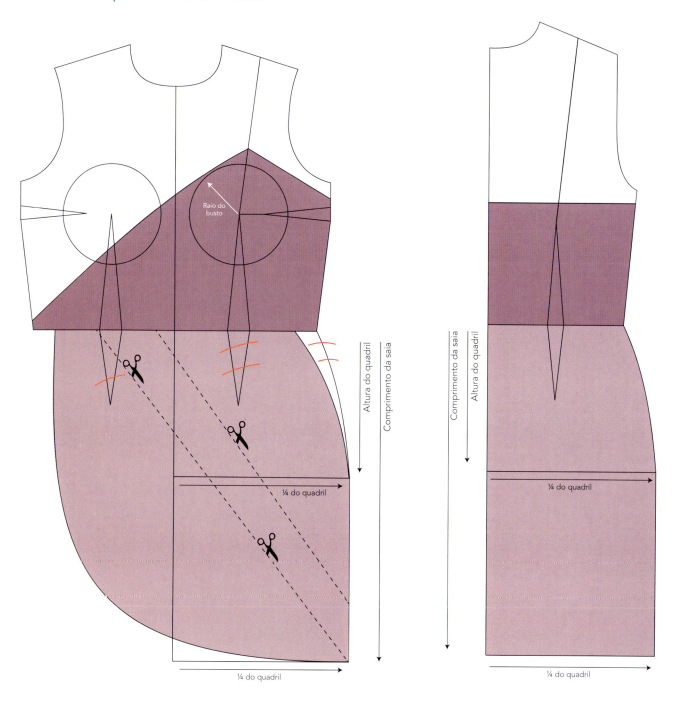

Vestido drapeado – Pregas e pences na frente

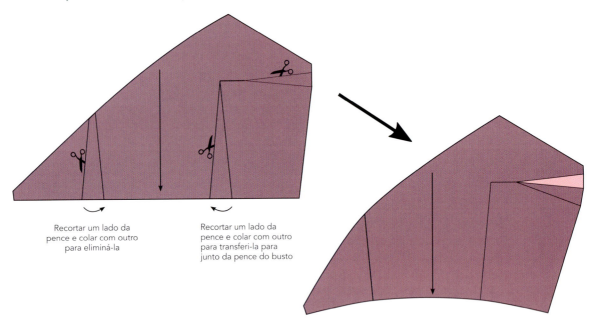

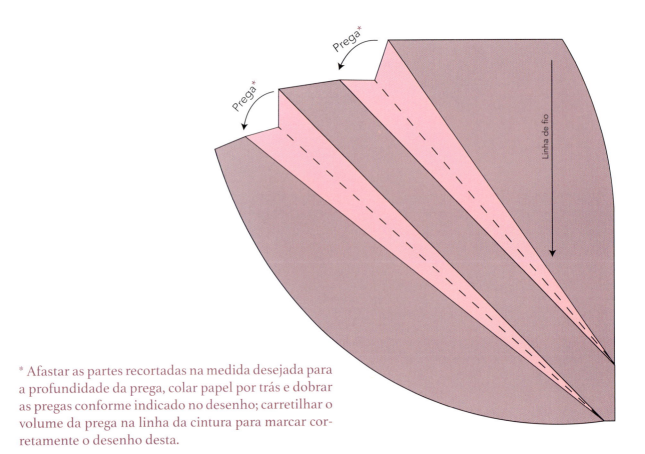

* Afastar as partes recortadas na medida desejada para a profundidade da prega, colar papel por trás e dobrar as pregas conforme indicado no desenho; carretilhar o volume da prega na linha da cintura para marcar corretamente o desenho desta.

Vestido drapeado – Partes destacadas e identificações – Frente

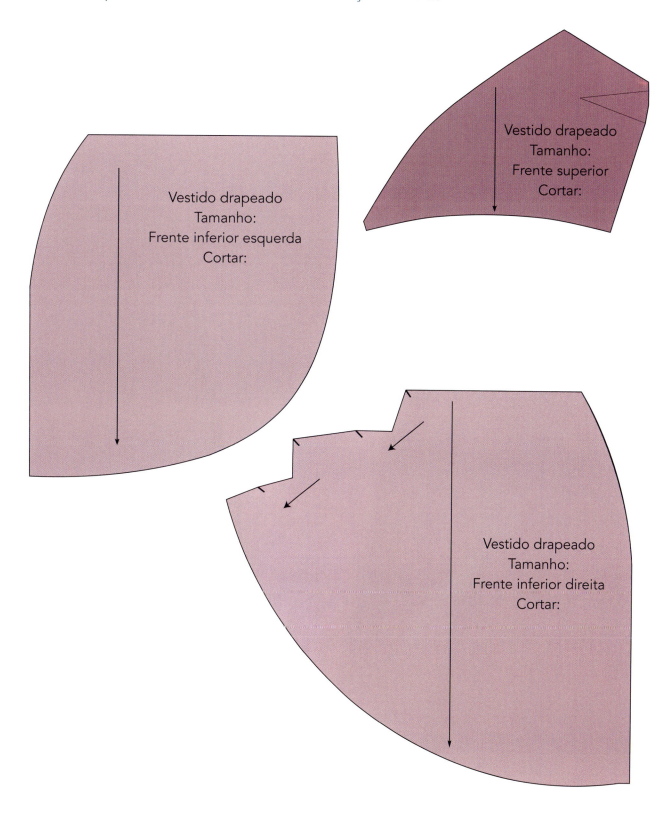

Vestido drapeado – Partes destacadas e identificações – Costas

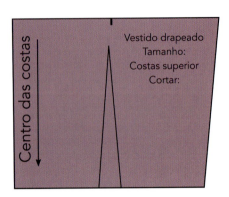

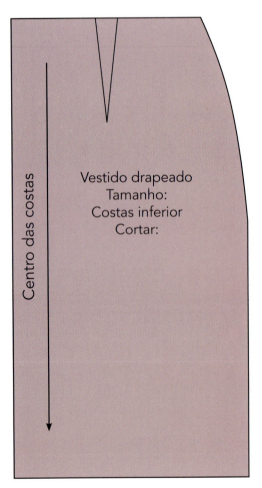

Modelagem de calças e shorts

Base de calça

Frente e costas

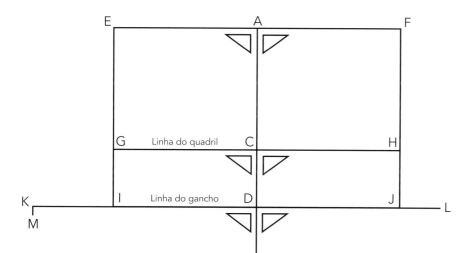

1- A↓B: comprimento total da calça

2- A↓C: marcar altura do quadril

3- A↓D: marcar altura do gancho

4- E←A→F , G←C→H e I←D→J ¼ da medida do quadril

5- Ligar os pontos E↓G↓I e F↓H↓J com reta

6- I←K: metade de I→D

7- J→L: metade de I←K

8- K↓M: esquadrar 1 cm (medida-padrão para todos os tamanhos)

Cálculo para a medida da cintura

Cintura (costas): ¼ da cintura total - 0,5 cm

Cintura (frente): ¼ da cintura total + 0,5 cm

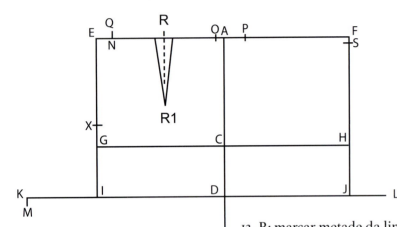

9- E→N: 2,5 cm (medida-padrão para todos os tamanhos)

10- N→O: marcar cintura (costas) + 3 cm para a pence

11- F←P: marcar cintura (frente) + 2 cm para a pence

12- N↑Q: esquadrar 1,5 cm (medida-padrão para todos os tamanhos)

13- R: marcar metade da linha N→O

14- R↓R1: esquadrar o ponto R para baixo com a medida do tamanho da pence (ver tabela)

15- Traçar pence: marcar 1,5 cm para cada lado do ponto R e unir com retas com o ponto R1

16- X: marcar 3 cm acima do ponto G (medida-padrão para todos os tamanhos)

17- F↓S: 0,5 cm (medida-padrão para todos os tamanhos)

MEDIDA DA PENCE	
TAMANHO	MEDIDA DA PENCE
34	10,5 cm
36	11 cm
38	11,5 cm
40	12 cm
42	12,5 cm
44	13 cm
46	13,5 cm
48	14 cm
50	14,5 cm

18- Ligar os pontos O ↘ C com curva suave

19- Ligar os pontos P ↙ C com curva suave

20- Ligar Q ↙ X com reta

21- Ligar os pontos X ↙ M com curva, para desenhar o gancho das costas (conforme o desenho)

22- Dobrar a pence das costas e ligar Q ↘ O com reta. Passar o rolete no volume da pence dobrada para marcar a linha da cintura

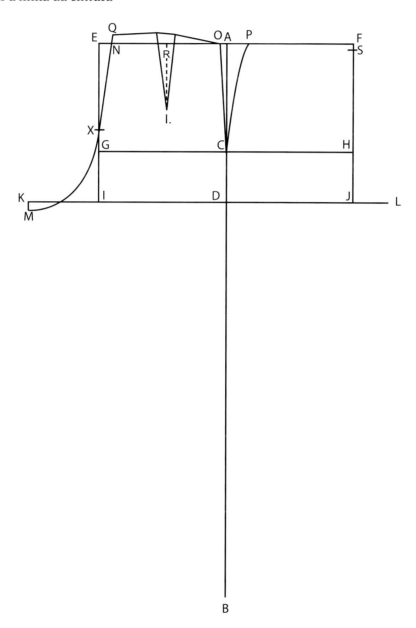

23- T: marcar a metade de D→L

24- Com o esquadro, traçar uma reta para cima, do ponto T até a linha da cintura e marcar o ponto U. Então traçar uma reta do ponto U até a bainha, marcando o ponto V (a linha U↓V tem a medida do comprimento da calça)

25- U ↓ U1: marcar a medida do tamanho da pence - 2 cm

26- Traçar a pence: marcar 1 cm para cada lado do ponto U e unir com retas com o ponto U1

27- Dobrar a pence da frente e ligar P ↘ S com curva suave (usar curva de alfaiate). Passar rolete no volume da pence dobrada para marcar a linha da cintura

28- Ligar os pontos H ↘ L com curva para desenhar o gancho da frente (conforme o desenho)

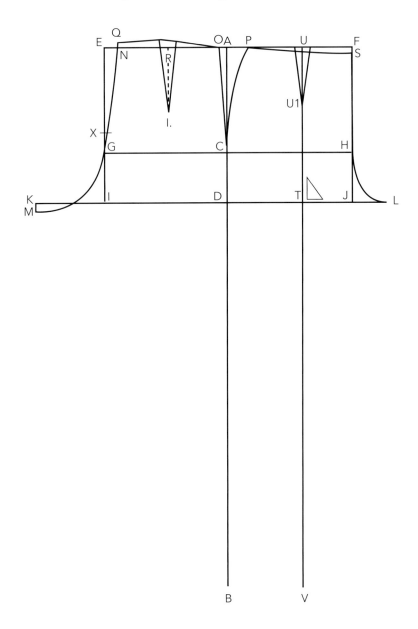

29- Boca da calça na frente: metade da largura da boca da calça - 1 cm. Esquadrar metade para cada lado do ponto V e marcar os pontos Y1 e Y2, de acordo com o desenho

30- Ligar C↘Y2 com reta e L↻ Y1 com curva e reta

31- B←Z1 é a mesma medida de B→Y2

32- Z1←Z2: medida da boca da frente + 2 cm

33- Ligar C↙Z1 com reta e M↘ Z2 com curva e reta

34- Suavizar as curvas que forem necessárias

35- A linha de fio da frente é na reta U↓V e traçar a das costas apoiando o esquadro na linha do quadril ou do gancho

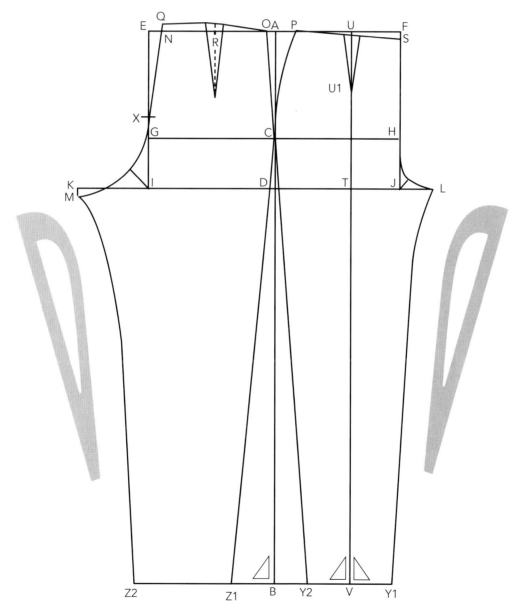

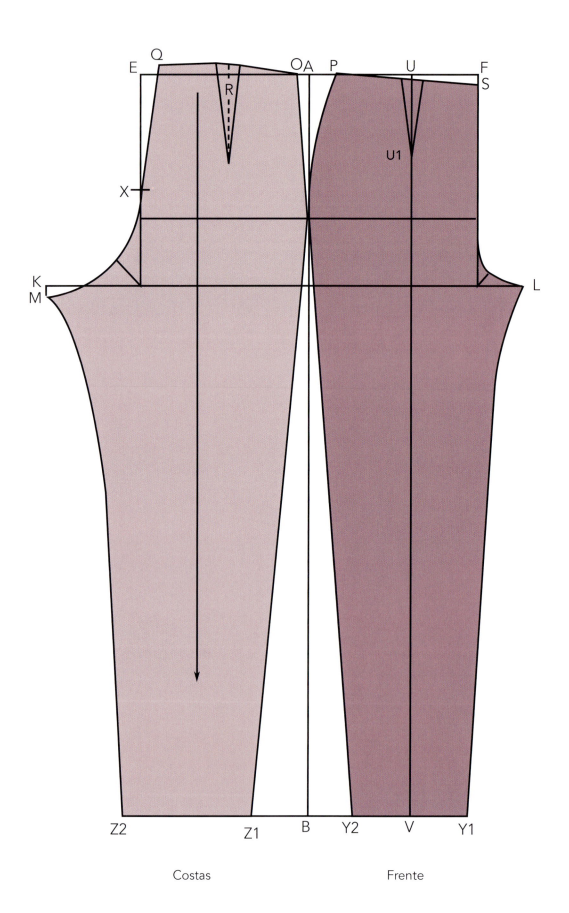

Costas   Frente

Calça social feminina

FICHA TÉCNICA					
Nome da empresa/cliente:				Data de emissão:	
Modelo/ref.: calça social feminina/ref.: 013				Data de entrega:	
Descrição: calça social reta com cós, abotoamento e braguilha Nas costas, bolso debruado simples				Coleção/ano:	
^				Tempo:	
Matéria principal	Nome		Composição	Cor ou estampa	Gasto
	Fabricante		Fornecedor	Largura	Preço
Matéria secundária	Nome		Composição	Cor ou estampa	Gasto
	Fabricante		Fornecedor	Largura	Preço
Aviamentos	Nome		Tamanho	Cor	Quantidade
	Fabricante		Fornecedor		Preço
Etiquetas (tipo e localização):				
Beneficiamentos:				
Desenho técnico:				Amostras:	
Análise crítica de vestibilidade e melhoria de produto				
Problemas encontrados				Soluções	
Avaliação piloto: aprovado ( ) reprovado ( )				Assinatura:	

Interpretação da modelagem

Calça social feminina – Frente e costas

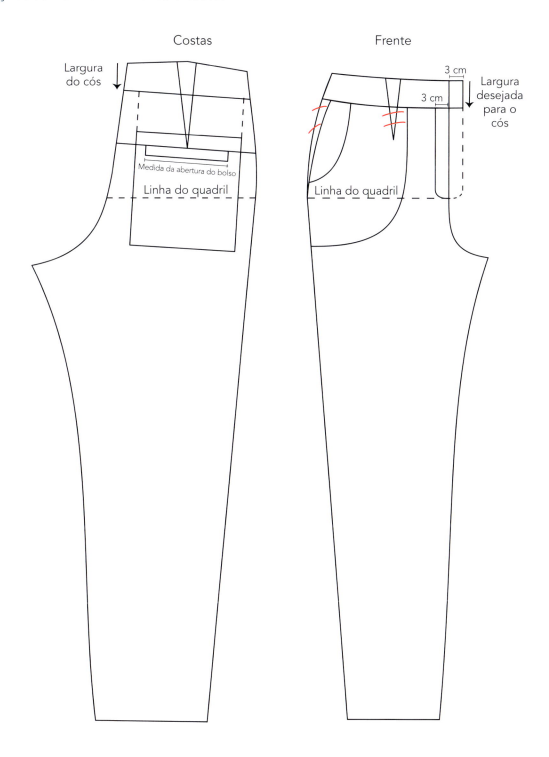

Calça social feminina – Resultado das peças destacadas – Frente

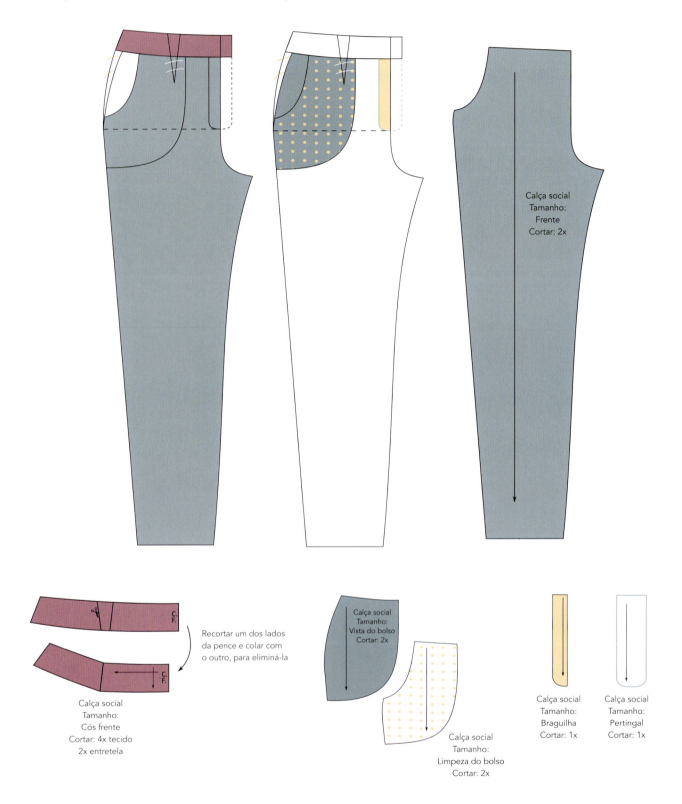

Calça social feminina – Resultado das peças destacadas – Costas

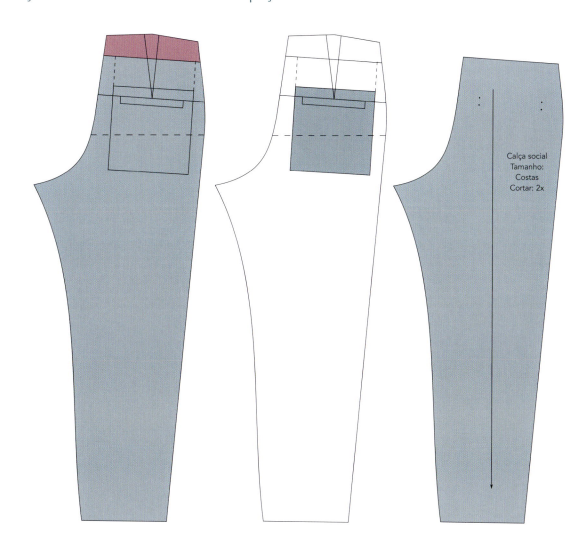

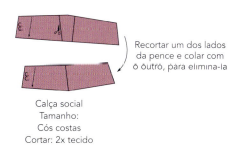

Recortar um dos lados da pence e colar com o outro, para eliminá-la

Calça social
Tamanho:
Cós costas
Cortar: 2x tecido
1x entretela

Short feminino

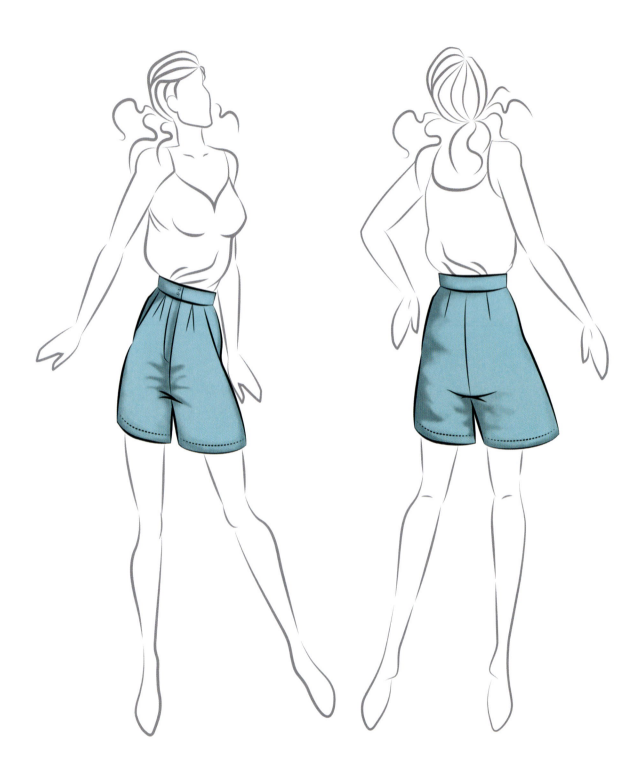

FICHA TÉCNICA				
Nome da empresa/cliente:				Data de emissão:
Modelo/ref.: short feminino/ref.: 014				Data de entrega:
Descrição: short com cós, abotoamento e braguilha, prega fêmea				Coleção/ano:
^				Tempo:
Matéria principal	Nome	Composição	Cor ou estampa	Gasto
	Fabricante	Fornecedor	Largura	Preço
Matéria secundária	Nome	Composição	Cor ou estampa	Gasto
	Fabricante	Fornecedor	Largura	Preço
Aviamentos	Nome	Tamanho	Cor	Quantidade
	Fabricante	Fornecedor		Preço
Etiquetas (tipo e localização):				
Beneficiamentos:				
Desenho técnico:				Amostras:
Análise crítica de vestibilidade e melhoria de produto				
Problemas encontrados				Soluções
Avaliação piloto: aprovado ( ) reprovado ( )				Assinatura:

Interpretação da modelagem

Short com pregas – Frente e costas

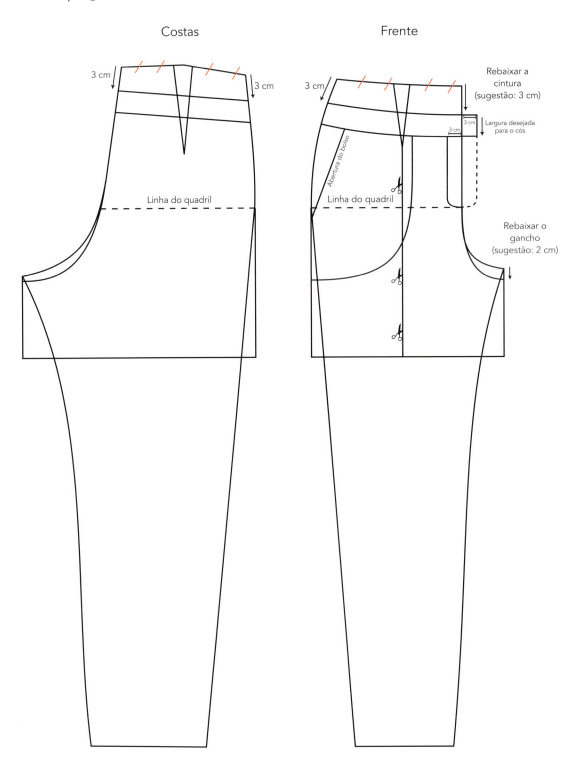

Short com pregas – Resultado das peças destacadas – Frente

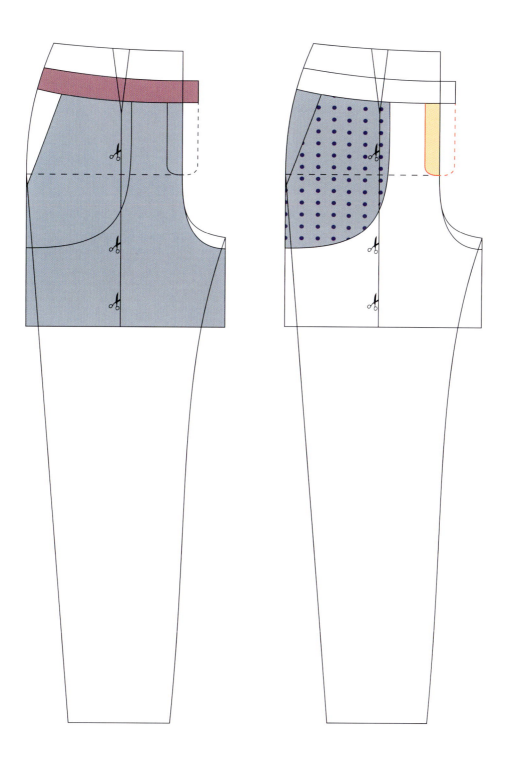

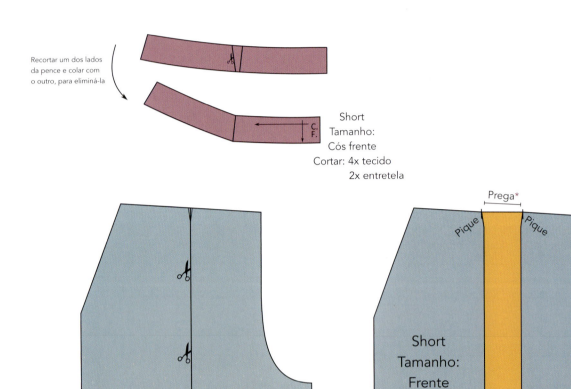

* A profundidade da prega é definida pelo modelista.

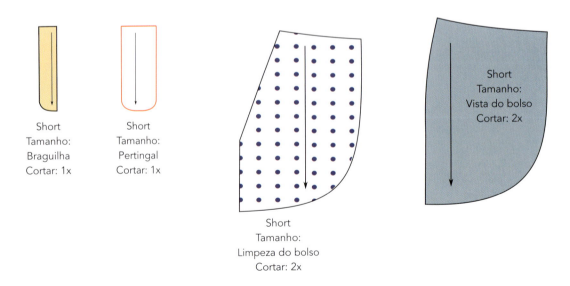

Short com pregas – Resultado das peças destacadas – Costas

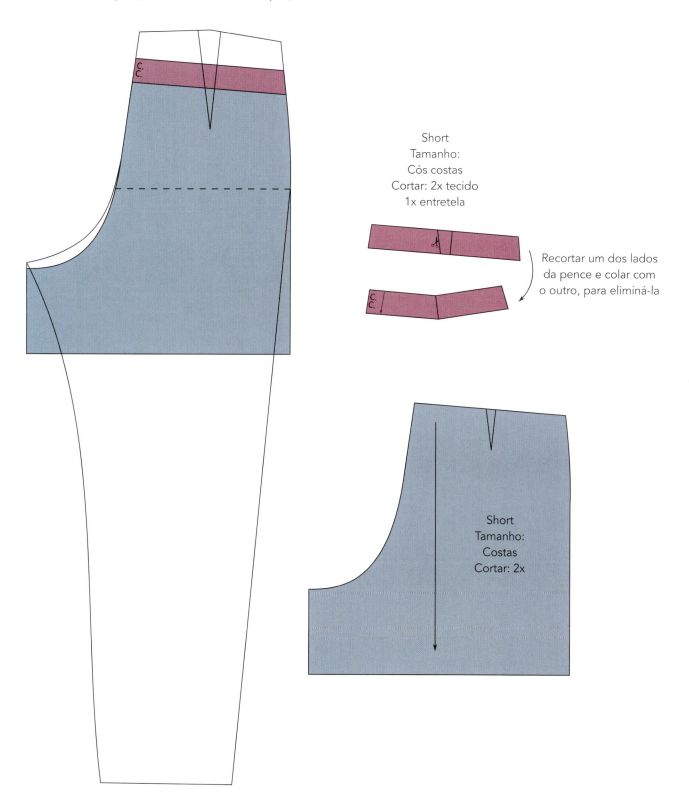

Short
Tamanho:
Cós costas
Cortar: 2x tecido
1x entretela

Recortar um dos lados da pence e colar com o outro, para eliminá-la

Short
Tamanho:
Costas
Cortar: 2x

Calça pantalona

CAPÍTULO 2 • *Projeto e modelagem de peças dos vestuários feminino e masculino* 133

FICHA TÉCNICA				
Nome da empresa/cliente:				Data de emissão:
Modelo/ref.: calça pantalona/ref.: 015				Data de entrega:
Descrição: calça pantalona, com bolso faca e zíper invisível na lateral				Coleção/ano:
^				Tempo:
Matéria principal	Nome	Composição	Cor ou estampa	Gasto
	Fabricante	Fornecedor	Largura	Preço
Matéria secundária	Nome	Composição	Cor ou estampa	Gasto
	Fabricante	Fornecedor	Largura	Preço
Aviamentos	Nome	Tamanho	Cor	Quantidade
	Fabricante	Fornecedor		Preço
Etiquetas (tipo e localização):				
Beneficiamentos:				
Desenho técnico:				Amostras:
Análise crítica de vestibilidade e melhoria de produto				
Problemas encontrados				Soluções
Avaliação piloto: aprovado ( ) reprovado ( )				Assinatura:

Interpretação da modelagem

Calça pantalona – Frente e costas

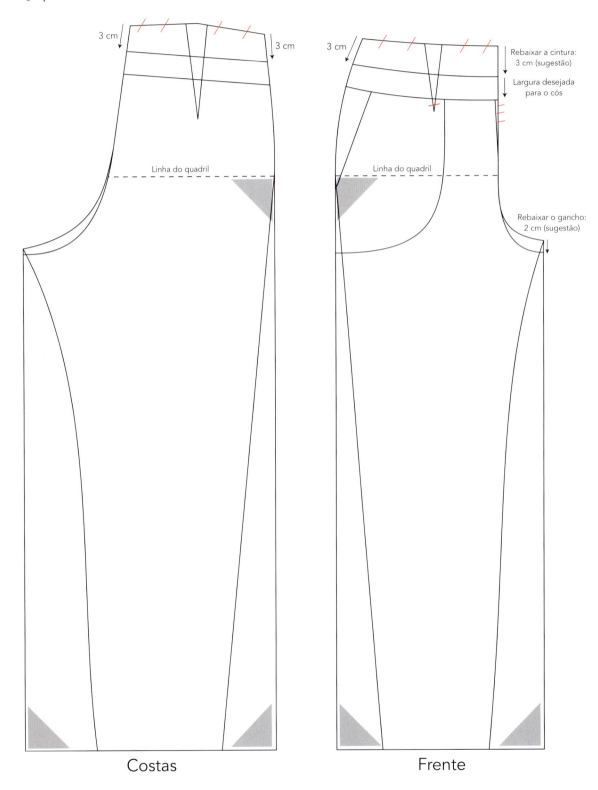

Costas

Frente

Calça pantalona – Resultado das peças destacadas – Frente

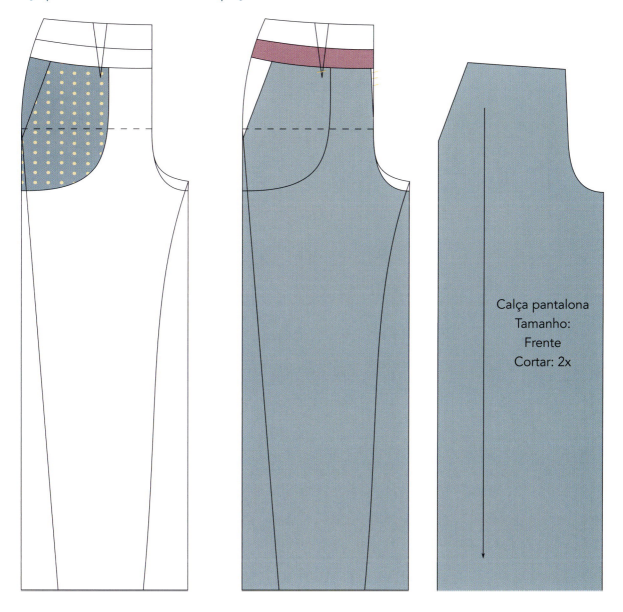

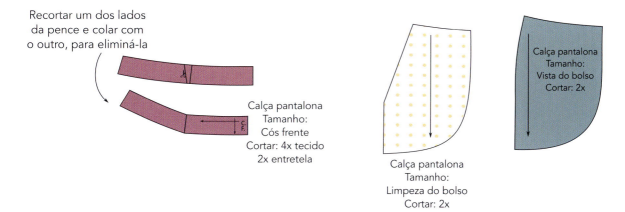

Calça pantalona – Resultado das peças destacadas – Costas

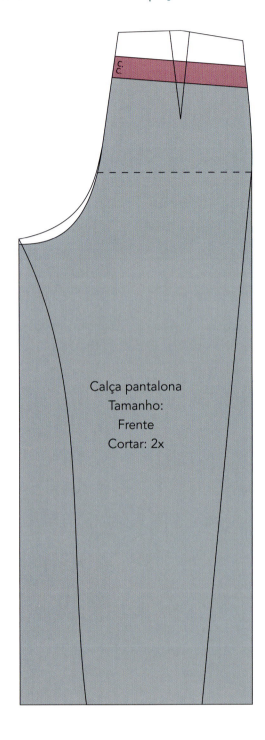

Calça pantalona
Tamanho:
Frente
Cortar: 2x

Recortar um dos lados da pence e colar com o outro, para eliminá-la

Calça pantalona
Tamanho:
Cós costas
Cortar: 2x tecido
1x entretela

Modelagem de golas

Gola colegial ou bebê

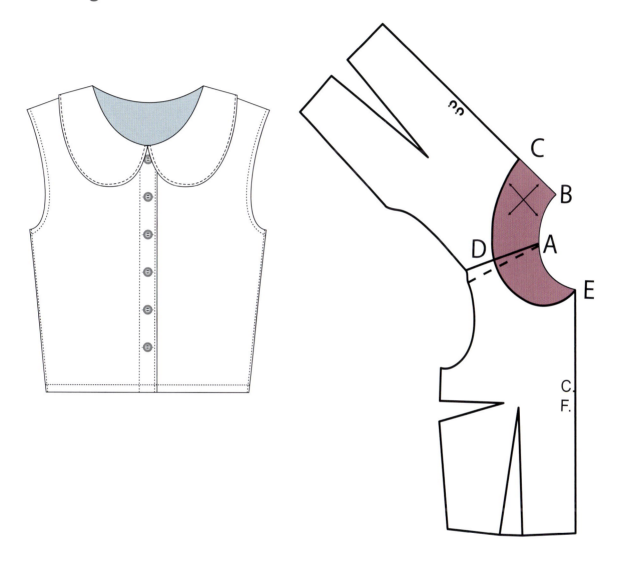

1- Desenhar as bases (frente e costas), sobrepondo os ombros em 2 cm somente nas cavas. No ponto A, as bases apenas se encostam.

2- B↖C: no centro das costas (C.C.), marcar a largura desejada para a gola

3- No ombro, A←D: largura da gola (mesma medida B↖C)

4- Com curva francesa ligar C↘D↘E para desenhar a gola

5- Copiar a gola em outro papel. Marcar a linha de fio usando o centro das costas como apoio.

Pode-se construir esta gola em um decote mais aberto, se quiser passar a cabeça sem precisar de abertura, mas, se for feita com o decote original da base, é necessário pensar em uma abertura.

Gola padre ou oriental

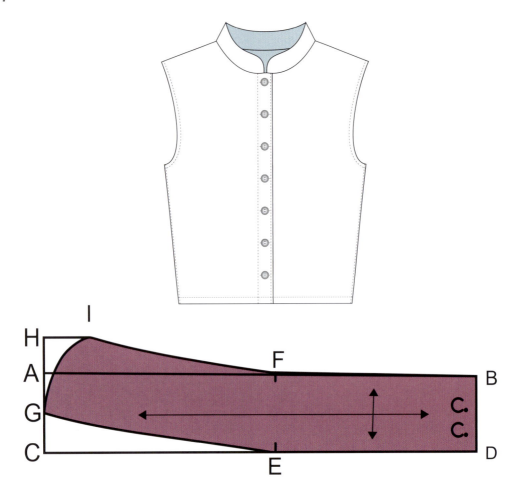

1- A→B e C→D: decote da frente + decote das costas + transpasse (se houver)

2- A↓C e B↓D: largura da gola (sugestão: 3 cm)

3- D←E e B←F: medida do decote das costas

4- C↑G: 1,5 cm. Unir G ↘ E com curva suave

5- G↑H: largura da gola (mesma medida B↓D)

6- H→I: 2,5 cm

7- Unir G ↗ I com curva bem arredondada

8- Unir I ↘ F com curva suave

9- Marcar dobra do tecido e C.C. (centro das costas) na linha B↓D*

*O molde pode ser aberto, o que é a melhor opção – basta espelhar no centro das costas (onde seria a dobra do tecido).

Gola xale

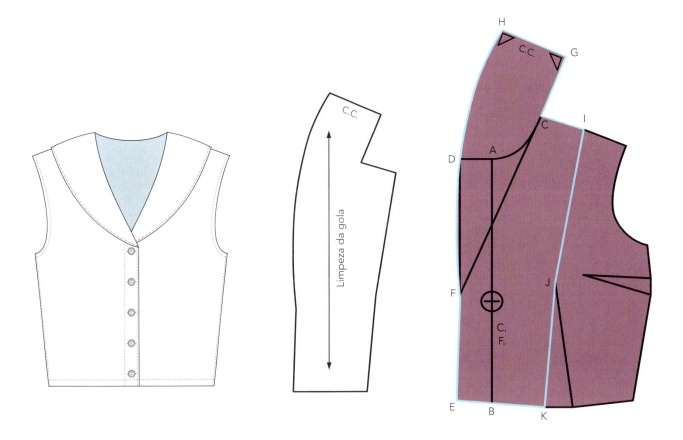

1- Riscar a base da frente e marcar os pontos A, B e C (conforme o desenho)

2- A←D e B←E: adicionar a medida do transpasse. A medida do transpasse é o tamanho do botão (sugestão: 2 cm). Ligar D↓E com reta

3- D↓F: marcar altura do primeiro botão

4- Ligar C✓F com reta e estender essa reta para fora do ombro na medida do decote das costas. (C↗G: medida do decote das costas)

5- G←H: 9 cm (sugestao). Esquadrar o ponto G para desenhar esta reta

6- Unir os pontos H (F com curva suave. Essa gola é inteira, ou seja, ela fica junto com o corpo da peça

Limpeza

7- Na metade do ombro, marcar o ponto I

8- Ligar o ponto I ao ponto J, que é o ápice da pence, com reta

9- Marcar com caneta colorida a limpeza da gola, que são os pontos
I↓J↓K←E↑F (H→G↓C→I

10- Desenhar a linha de fio onde seria o centro da frente (C.F.)

Gola esporte

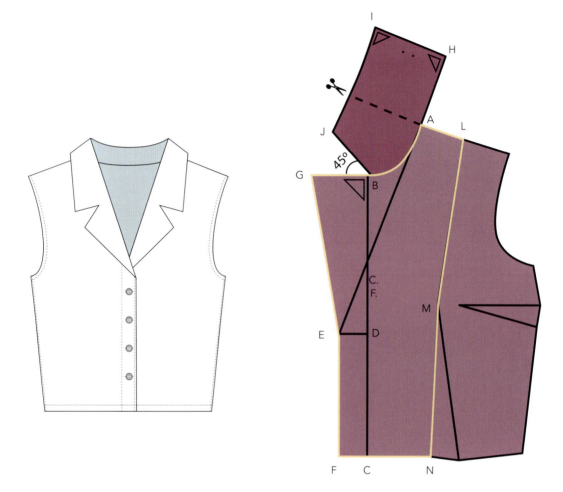

1- Riscar a base da frente e marcar os pontos A, B e C conforme o desenho

2- B↓D: marcar altura do primeiro botão (é aproximadamente na altura do fecho do sutiã)

3- D←E e C←F: adicionar a medida do transpasse (a medida do transpasse é o tamanho do botão. – sugestão 2 cm). Ligar E↓F com reta

4- B←G: esquadrar 4 cm (ou o dobro da medida do traspasse). Ligar G↓ E com curva suave

5- Ligar os pontos E↗A com reta e estender essa reta a medida do decote das costas. A↗H: decote das costas. Essa reta é chamada de quebra de lapela

6- H←I: 8 cm (sugestão). Apoiar o esquadro da linha de quebra da lapela para desenhar H←I

7- B↘J: com ângulo de 45° (a diagonal do esquadro), marcar 4 cm (a mesma medida B←G)

8- Ligar os pontos I↙J com curva bem suave. Lembrar de esquadrar o canto do ponto I para não formar bico

9- Estender a linha do ombro e marcar linha pontilhada na gola. Vamos recortar essa linha e adicionar 2,5 cm para melhorar o caimento da gola

10- Marcar um pique no ponto B

11- Copiar a gola em outro papel, marcando a linha pontilhada de onde vamos recortar. Marcar também o centro das costas (C.C.) conforme o desenho

12- Recortar a linha pontilhada e acrescentar 2,5 cm

13- Suavizar a curva da gola se necessário

14- Marcar a dobra do tecido no centro ou espelhar a gola (melhor opção). Marcar a linha de fio usando o centro das costas como apoio para esquadrar

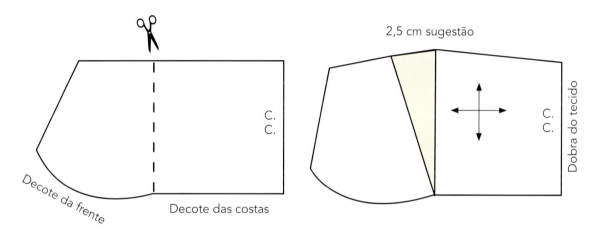

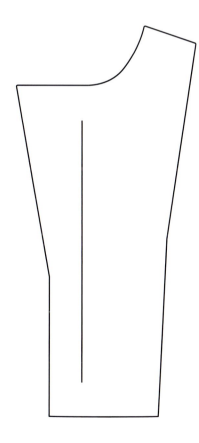

Limpeza

15. Na metade do ombro, marcar o ponto L

16. Ligar o ponto L ao ponto M, que é o ápice da pence, com reta

17. Marcar com caneta colorida a limpeza, que são os pontos L↓M ↓N←F↑E⌒G→B⌒A→L

18. Marcar a linha de fio no que seria o centro da frente

Modelagem de mangas

Manga bufante ou bebê

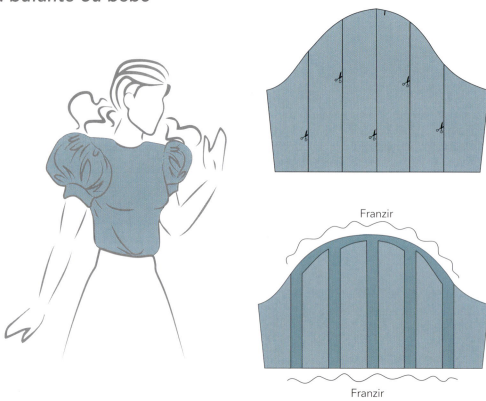

Franzir

Franzir

Manga sino

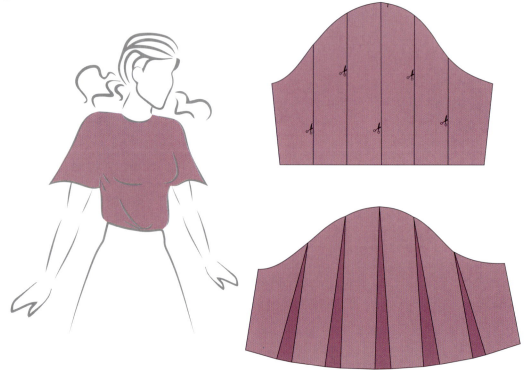

Manga tulipa

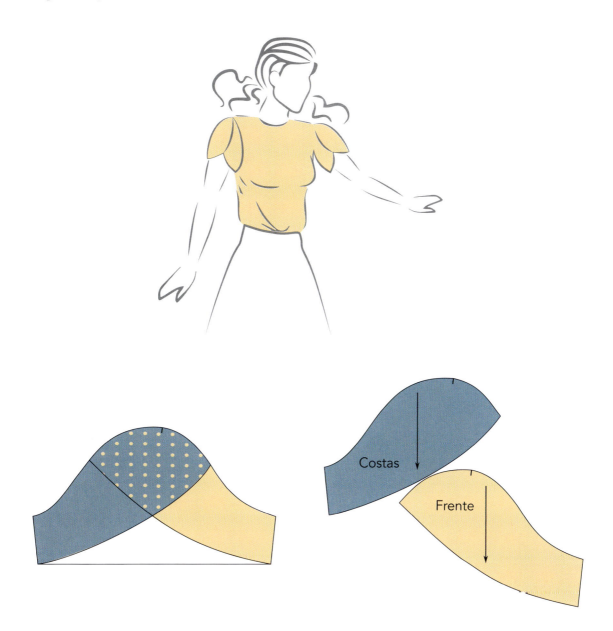

Manga alfaiate

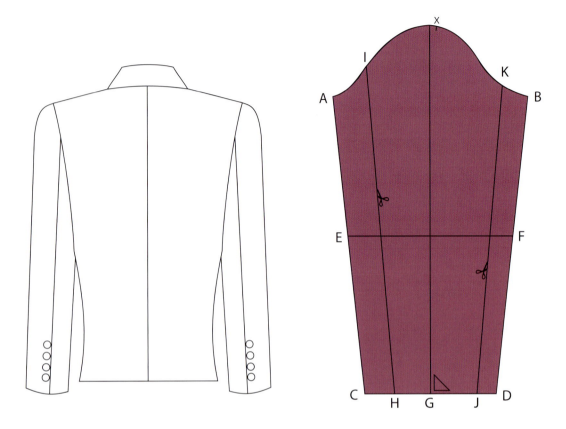

Riscar a base da manga e marcar os pontos A, B, C e D conforme o desenho

A↓E e B↓F: marcar altura do cotovelo (metade do comprimento da manga + 5 cm)

G: metade de C↦D (esquadrar para cima, até a cabeça da manga)

H: metade de C↦G

H↖I: traçar uma reta paralela à linha A↘C

D↤J: 3 cm (medida-padrão para todos os tamanhos)

J↗K: traçar uma reta paralela à linha B↙D

X: pique da cabeça da manga para encaixar com o ombro

CAPÍTULO 2 • *Projeto e modelagem de peças dos vestuários feminino e masculino* 145

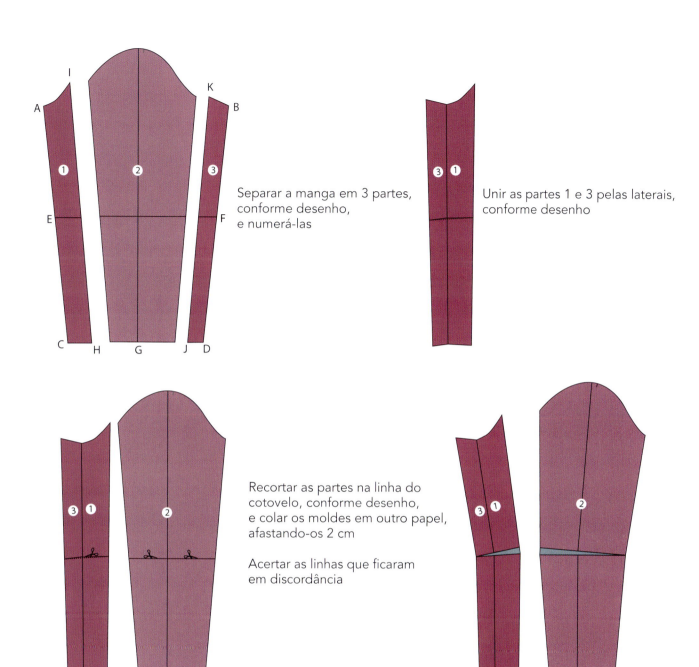

Separar a manga em 3 partes, conforme desenho, e numerá-las

Unir as partes 1 e 3 pelas laterais, conforme desenho

Recortar as partes na linha do cotovelo, conforme desenho, e colar os moldes em outro papel, afastando-os 2 cm

Acertar as linhas que ficaram em discordância

Manga japonesa

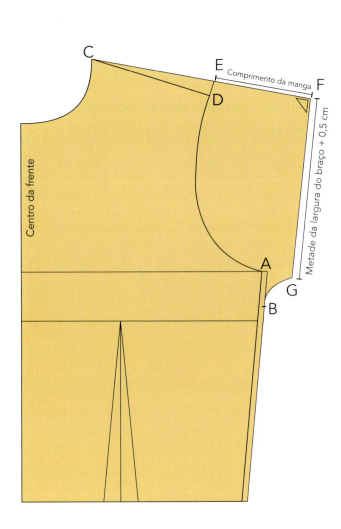

As medidas apresentadas devem ser interpretadas de acordo com o modelo, e são apenas sugestões

A↓B: 3 cm

D↑E: 1 cm

E→F: estender o ombro o comprimento desejado para a manga

F↓G: esquadrar metade da largura do braço + 0,5 cm

Ligar B ⌢ G com curva

Manga presunto

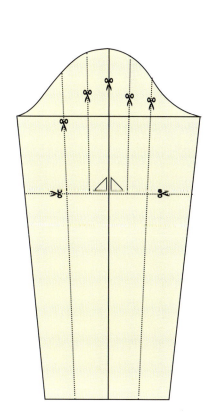
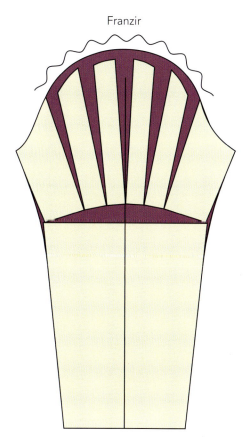

Franzir

PEÇAS MASCULINAS

Orientações para aferir medidas masculinas

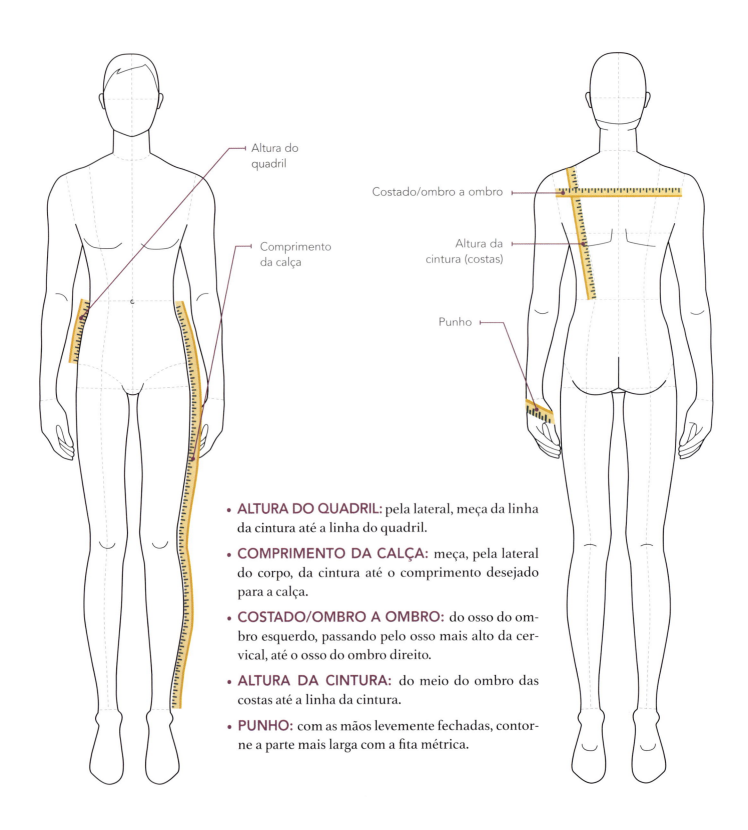

- **ALTURA DO QUADRIL:** pela lateral, meça da linha da cintura até a linha do quadril.

- **COMPRIMENTO DA CALÇA:** meça, pela lateral do corpo, da cintura até o comprimento desejado para a calça.

- **COSTADO/OMBRO A OMBRO:** do osso do ombro esquerdo, passando pelo osso mais alto da cervical, até o osso do ombro direito.

- **ALTURA DA CINTURA:** do meio do ombro das costas até a linha da cintura.

- **PUNHO:** com as mãos levemente fechadas, contorne a parte mais larga com a fita métrica.

CAPÍTULO 2 • *Projeto e modelagem de peças dos vestuários feminino e masculino* 151

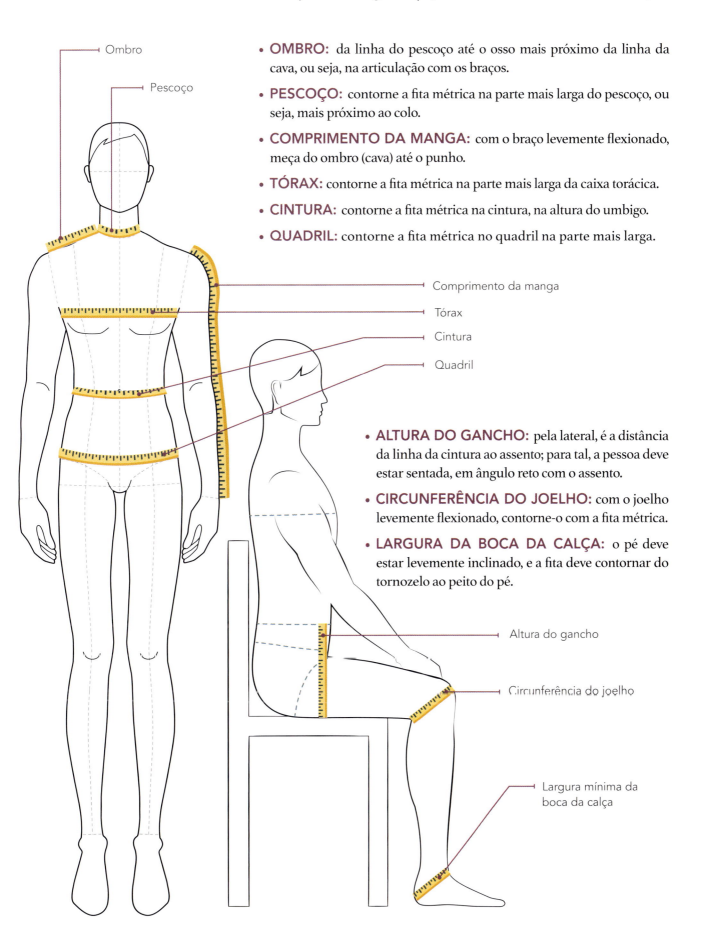

- **OMBRO:** da linha do pescoço até o osso mais próximo da linha da cava, ou seja, na articulação com os braços.
- **PESCOÇO:** contorne a fita métrica na parte mais larga do pescoço, ou seja, mais próximo ao colo.
- **COMPRIMENTO DA MANGA:** com o braço levemente flexionado, meça do ombro (cava) até o punho.
- **TÓRAX:** contorne a fita métrica na parte mais larga da caixa torácica.
- **CINTURA:** contorne a fita métrica na cintura, na altura do umbigo.
- **QUADRIL:** contorne a fita métrica no quadril na parte mais larga.
- **ALTURA DO GANCHO:** pela lateral, é a distância da linha da cintura ao assento; para tal, a pessoa deve estar sentada, em ângulo reto com o assento.
- **CIRCUNFERÊNCIA DO JOELHO:** com o joelho levemente flexionado, contorne-o com a fita métrica.
- **LARGURA DA BOCA DA CALÇA:** o pé deve estar levemente inclinado, e a fita deve contornar do tornozelo ao peito do pé.

Tabela de medidas masculinas

Observe, a seguir, uma tabela de medidas de corpo masculino.

TABELA DE MEDIDAS MASCULINAS	36	38	40	42	44	46	48	50
	0	1	2	3	4	5	6	7
	P	P	M	M	G	G	GG	GG
TÓRAX	90	94	98	102	106	110	114	118
CINTURA	70	74	78	82	86	90	94	98
QUADRIL	88	92	96	100	104	108	112	116
ALTURA DA CINTURA	47	48	49	50	51	52	53	54
COSTADO/OMBRO A OMBRO	38	40	42	44	46	48	50	52
PESCOÇO	40	42	44	46	48	50	52	54
OMBRO	12,5	13	13,5	14	14,5	15	15,5	16
COMPRIMENTO DA MANGA CURTA	22	23	24	25	26	27	28	29
COMPRIMENTO DA MANGA LONGA	59	60	61	62	63	64	65	66
PUNHO	19	20	21	23	32	24	25	26
ALTURA DO GANCHO	27,5	28,5	29,5	30,5	31,5	32,5	33,5	34,5
LARGURA DA BOCA DA CALÇA	43	44	45	46	47	48	49	50
COMPRIMENTO DA CALÇA	102	103	104	105	106	107	108	109
CIRCUNFERÊNCIA DO JOELHO	47	48	49	50	51	52	53	54
COMPRIMENTO DA CAMISA	71	72	73	74	75	76	77	78

Modelagem de calças e shorts

Base de calça masculina

Frente

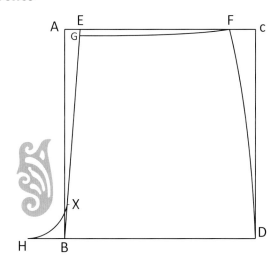
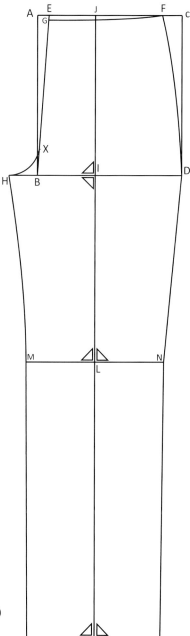

1- A↓B: altura do gancho
2- A→C e B→D: esquadrar ¼ do quadril - 0,5 cm
3- Ligar C↓D com reta
4- A→E: 1,5 cm (medida-padrão para todos os tamanhos)
5- E→F: ¼ da cintura
6- Unir E↙B com reta
7- E↙G: 1 cm (medida-padrão para todos os tamanhos)
8- Ligar G↪F com curva suave, formando a linha da cintura
9- B←H: ½ 0 da medida do quadril
10- B↑X: na linha E↕B marcar 5 cm
11- Ligar X↙H com curva, formando o gancho da frente
12- Ligar F↘D com curva suave
13- I: metade de H↔D
14- Esquadrar o ponto I para cima e marcar o ponto J (conforme o desenho)
15- J↓K: comprimento total da calça
16- I↓L: metade de I↓K menos 5 cm (altura do joelho)
17- M←L→N: esquadrar ¼ da medida do joelho menos 1 cm
18- O←K→P: esquadrar ¼ da medida da boca da calça menos 1 cm
19- Unir M↓O e N↓P com reta
20- Unir H↘M com curva suave (curva de alfaiate)
21- Unir D↙N com reta

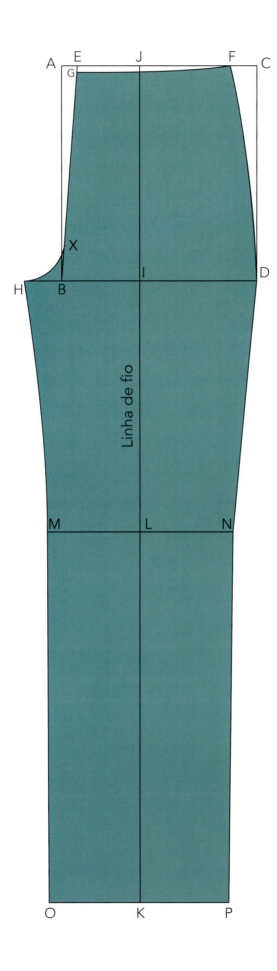

Costas

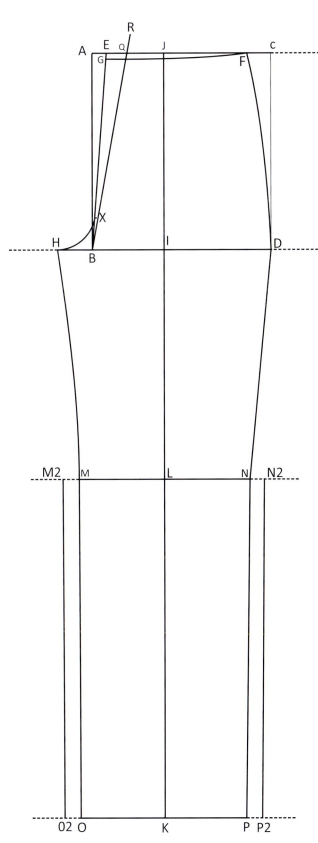

1- Na horizontal, prolongar as linhas de cintura, gancho, joelho e barra do desenho da frente

2- Na linha da barra e do joelho, aumentar 2 cm para cada lado e marcar os pontos N2, M2, O2 e P2 (conforme o desenho)

3- Unir com reta M2↓O2 e N2↓P2

4- E→Q: 3 cm (medida-padrão para todos os tamanhos)

5- Unir B↗Q com reta e prolongar para cima

6- Q↗R: 3 cm (medida-padrão para todos os tamanhos)

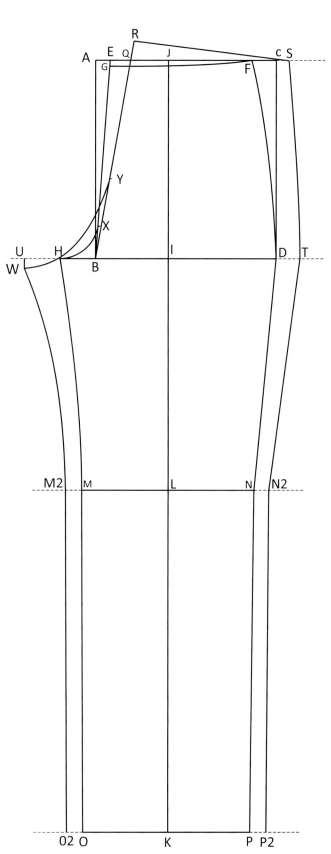

7- R↘S: partindo do ponto R em linha inclinada de forma a tocar na linha da cintura, marcar ¼ da medida da cintura + 2 cm para a pence e unir com reta

8- D→T: 3 cm

9- Unir S↓T↙N2 com curva e reta (conforme o desenho)

10- H←U: ½ o da medida do quadril

11- U↓W: 1 cm (medida-padrão para todos os tamanhos)

12- B↗Y: na linha R↙B marcar 12 cm

13- Ligar Y↙W com curva, formando o gancho das costas

14- Unir W↓M2 com curva suave

CAPÍTULO 2 • *Projeto e modelagem de peças dos vestuários feminino e masculino* 157

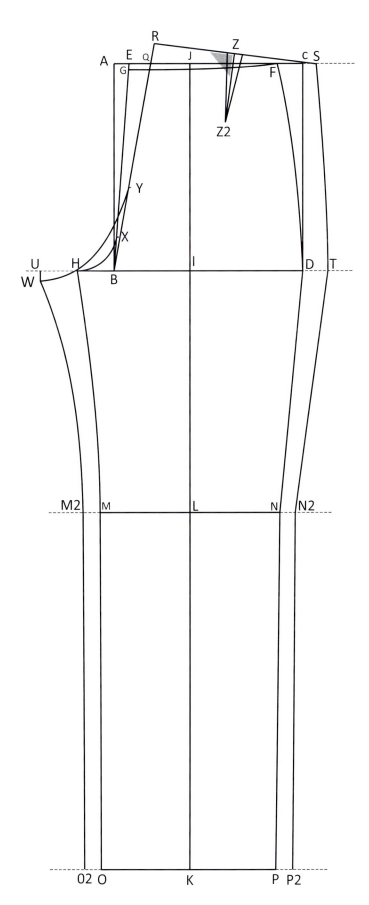

15- Z: metade da linha R ↘ S

16- Esquadrar Z abaixo da medida da pence conforme a tabela e marcar o ponto Z2. Usar como apoio para o esquadro a reta R ↘ S

17- Marcar 1 cm para cada lado do ponto Z e ligar com Z2, formando a pence das costas

18- Suavizar curvas que forem necessárias

MEDIDA DA PENCE	
TAMANHO	MEDIDA DA PENCE
36	8,5 cm
38	9 cm
40	9,5 cm
42	10 cm
44	10,5 cm
46	11 cm
48	11,5 cm
50	12 cm

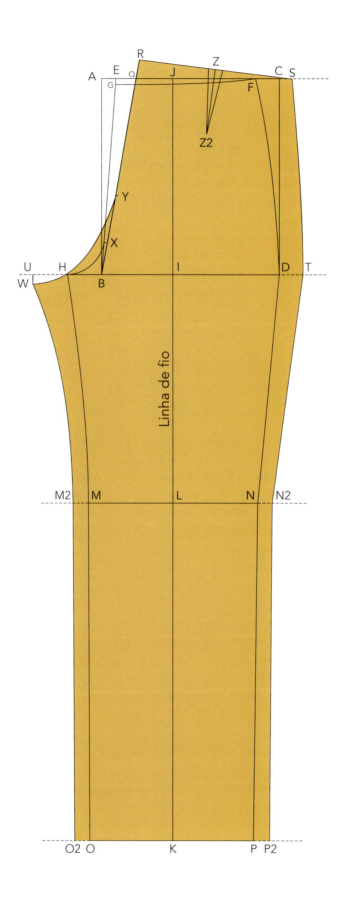

Calça social masculina

FICHA TÉCNICA				
Nome da empresa/cliente:			Data de emissão:	
Modelo/ref.: calça social masculina/ref.: 016			Data de entrega:	
Descrição: calça social reta com cós, abotoamento e braguilha. Nas costas, bolso debruado simples			Coleção/ano:	
^			Tempo:	
Matéria principal	Nome	Composição	Cor ou estampa	Gasto
	Fabricante	Fornecedor	Largura	Preço
Matéria secundária	Nome	Composição	Cor ou estampa	Gasto
	Fabricante	Fornecedor	Largura	Preço
Aviamentos	Nome	Tamanho	Cor	Quantidade
	Fabricante	Fornecedor		Preço
Etiquetas (tipo e localização):				
Beneficiamentos:				
Desenho técnico:				Amostras:
Análise crítica de vestibilidade e melhoria de produto				
Problemas encontrados			Soluções	
Avaliação piloto: aprovado ( ) reprovado ( )			Assinatura:	

Interpretação da modelagem

Calça social masculina – Frente e costas

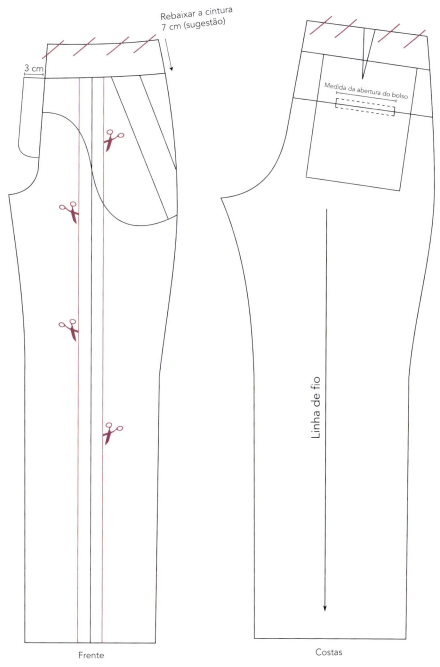

Calça social masculina – Resultado das peças destacadas – Frente

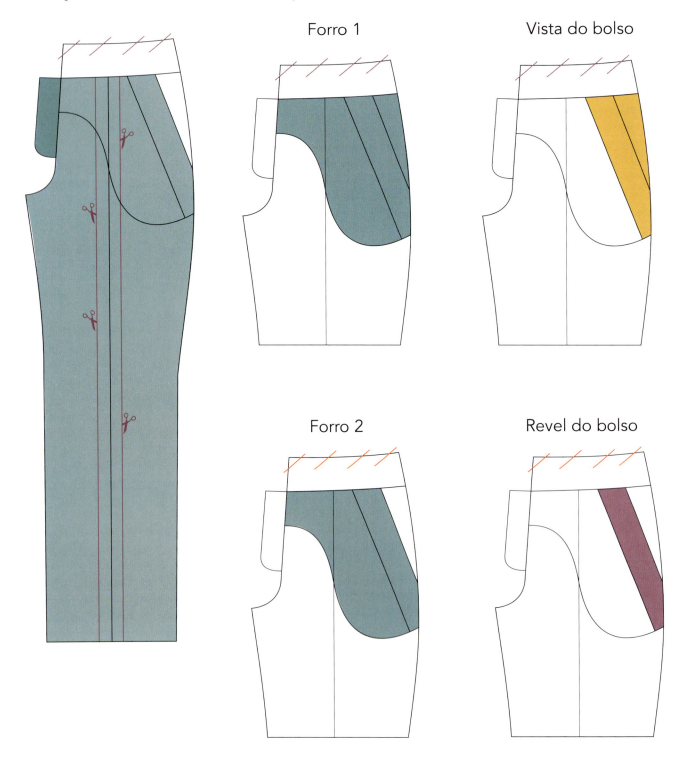

Forro 1

Vista do bolso

Forro 2

Revel do bolso

Calça social masculina – Resultado das pregas

* A profundidade da prega é definida pelo modelista.

Calça social masculina – Resultado das peças destacadas – Costas

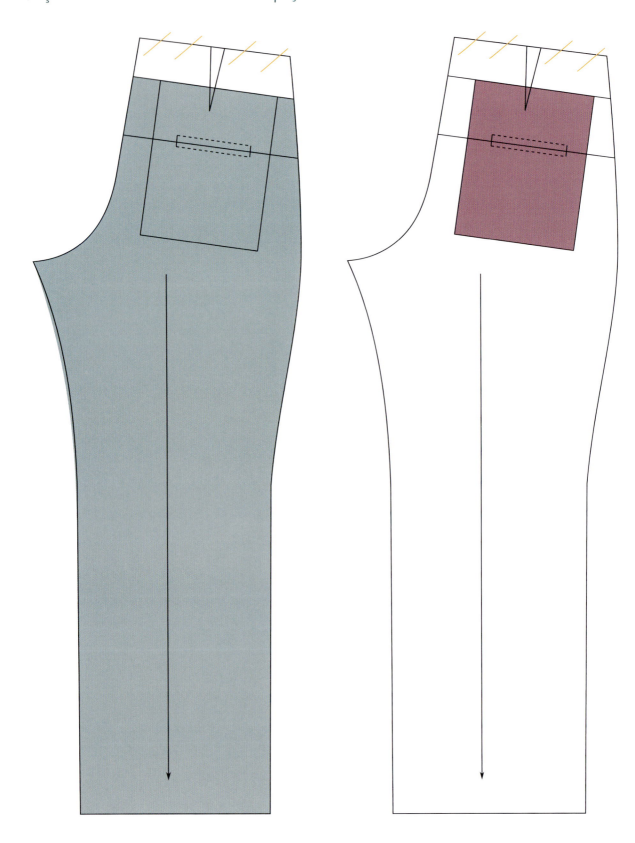

Bermuda cargo

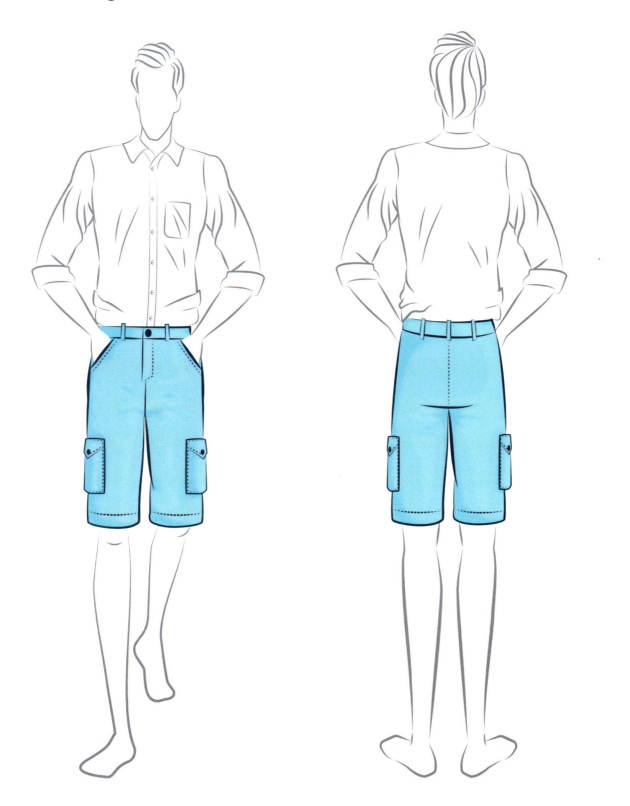

FICHA TÉCNICA				
Nome da empresa/cliente:			Data de emissão:	
Modelo/ref.: bermuda cargo/ref.: 017			Data de entrega:	
Descrição: bermuda cargo com bolso faca e bolso fole na lateral			Coleção/ano:	
^			Tempo:	
Matéria principal	Nome	Composição	Cor ou estampa	Gasto
	Fabricante	Fornecedor	Largura	Preço
Matéria secundária	Nome	Composição	Cor ou estampa	Gasto
	Fabricante	Fornecedor	Largura	Preço
Aviamentos	Nome	Tamanho	Cor	Quantidade
	Fabricante	Fornecedor		Preço

Etiquetas (tipo e localização):

Beneficiamentos:

Desenho técnico: Amostras:

Análise crítica de vestibilidade e melhoria de produto

Problemas encontrados	Soluções

Avaliação piloto: aprovado ( )   reprovado ( )   Assinatura:

Interpretação da modelagem

Bermuda cargo – Frente e costas

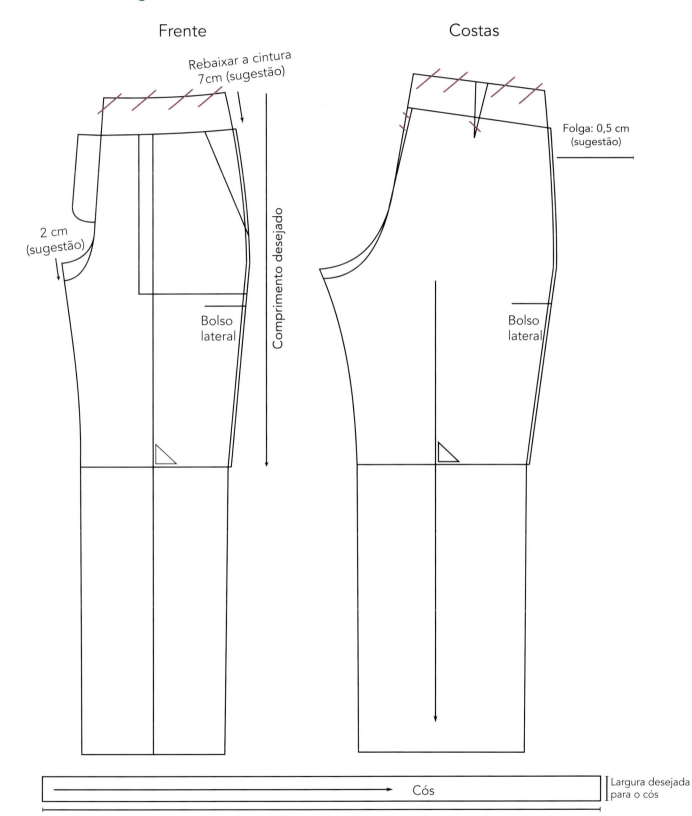

Bermuda cargo – Bolso lateral

Lapela do bolso

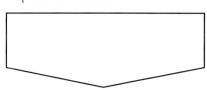

Bolso com prega

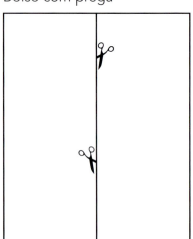

Medida desejada para a prega

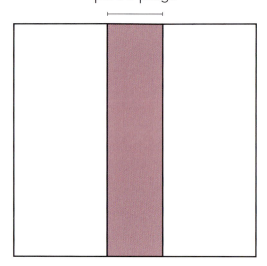

Bolso fole   2 cm 2 cm

Com margem de costura

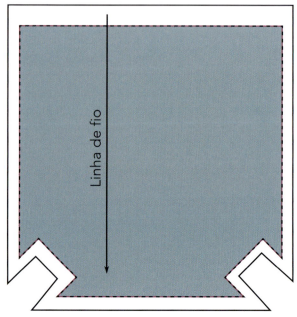

CAPÍTULO 2 • *Projeto e modelagem de peças dos vestuários feminino e masculino* 169

Bermuda cargo – Resultado das peças destacadas

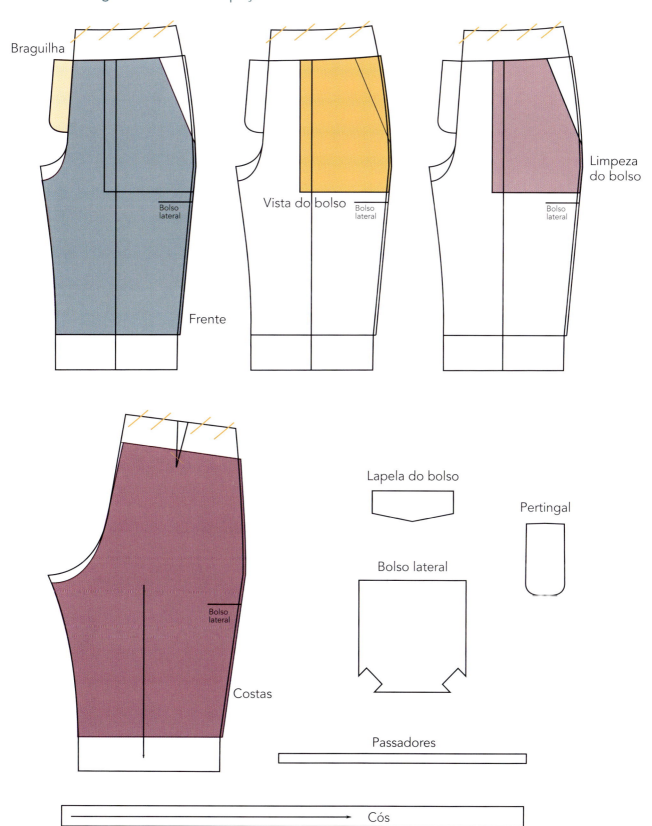

Bermuda praiana ou surfista

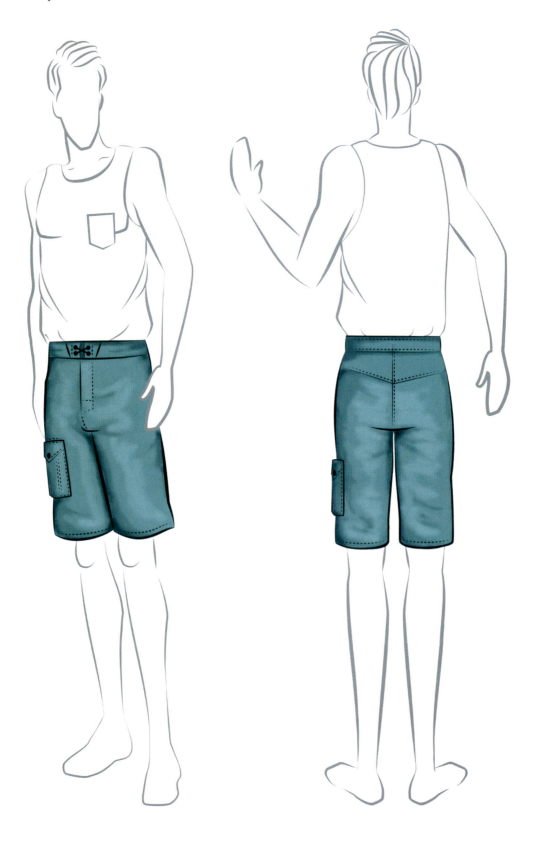

CAPÍTULO 2 • *Projeto e modelagem de peças dos vestuários feminino e masculino* 171

FICHA TÉCNICA			
Nome da empresa/cliente:		Data de emissão:	
Modelo/ref.: bermuda praiana/ref.: 018		Data de entrega:	
Descrição: bermuda praiana, com cós e pala. Bolso com aba bicada na lateral		Coleção/ano:	
^		Tempo:	
Matéria principal	Nome	Composição	Cor ou estampa	Gasto
	Fabricante	Fornecedor	Largura	Preço
Matéria secundária	Nome	Composição	Cor ou estampa	Gasto
	Fabricante	Fornecedor	Largura	Preço
Aviamentos	Nome	Tamanho	Cor	Quantidade
	Fabricante	Fornecedor		Preço
Etiquetas (tipo e localização):				
Beneficiamentos:				
Desenho técnico:	Amostras:			
Análise crítica de vestibilidade e melhoria de produto				
Problemas encontrados	Soluções			
Avaliação piloto: aprovado ( ) reprovado ( ) Assinatura:				

Interpretação da modelagem

Bermuda surfista – Frente e costas

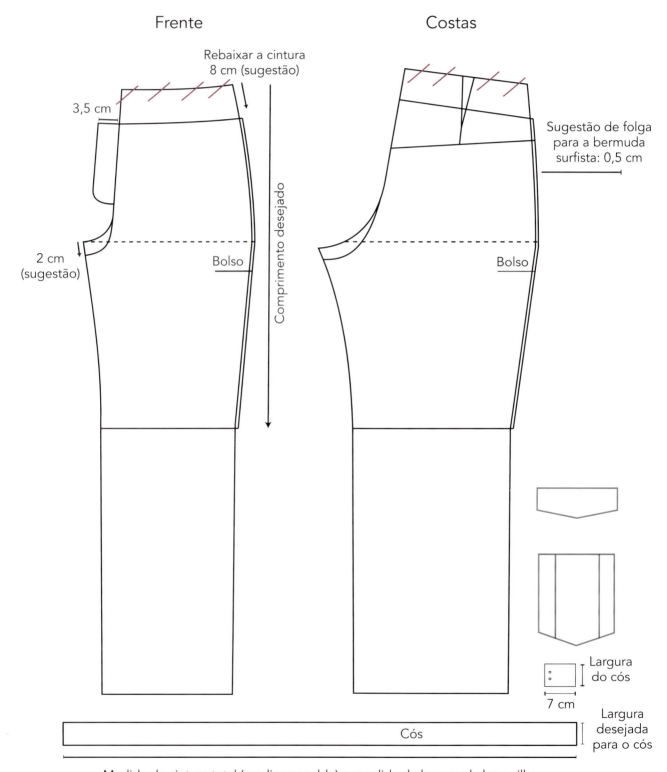

Bermuda surfista – Resultado das peças destacadas

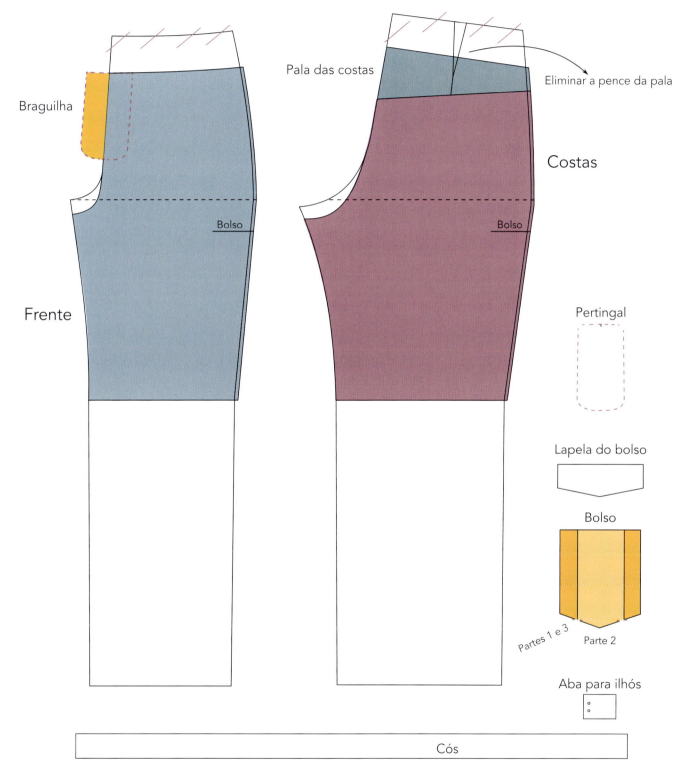

Marcar linhas de fio em todas as partes.

Modelagem de blusas masculinas

Base de blusa

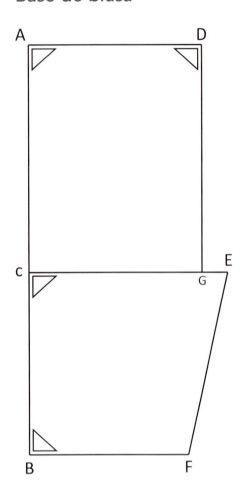

Costas

1- A↓B: altura da cintura
2- A↓C: ½ da medida do costado + 6 cm
3- A→D: esquadrar ½ da medida do costado
4- C→E: esquadrar ¼ da medida do tórax
5- B→F: esquadrar ¼ da medida da cintura
6- Unir E↙F com reta
7- Esquadrar o ponto D para baixo e marcar o ponto G na linha do tórax (conforme o desenho)

8- A→H: 1/5 da medida do pescoço
9- A↓I: 1/10 da medida do pescoço - 0,5 cm
10- Unir I ↪ H com curva, formando o decote das costas (esquadrar o ponto I)
11- D↓J: 1/10 da medida do costado (queda do ombro)
12- H↘K: medida do ombro. Traçar uma reta passando pelo ponto J
13- L: metade de J↓G
14- L←M: esquadrar 1 cm (medida-padrão para todos os tamanhos)
15- Unir K↙M↙E com curva, formando a cava das costas

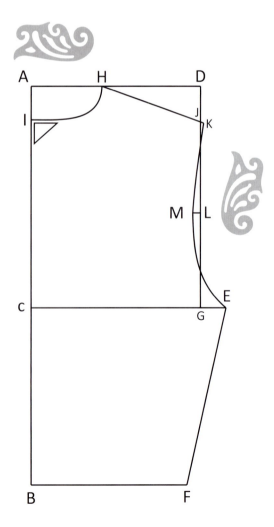

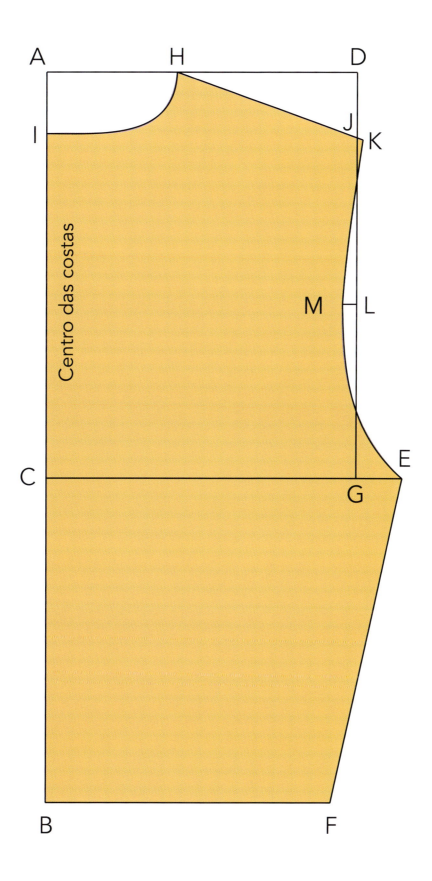

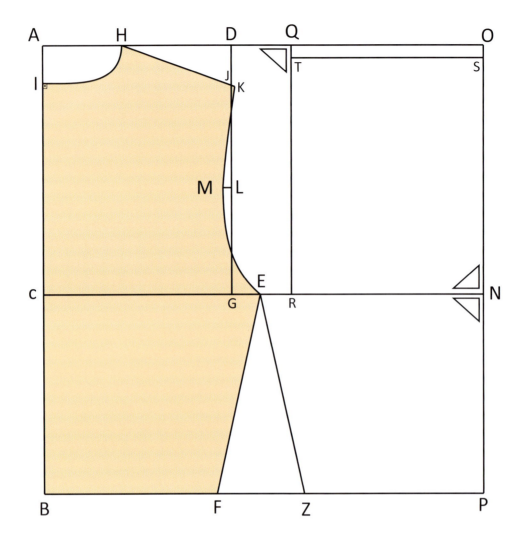

Frente

1- Na horizontal, estender as linhas A, B e C

2- E →N: ¼ da medida do tórax

3- Esquadrar N para cima e para baixo e marcar os pontos O e P (conforme o desenho)

4- O←Q: ½ da medida do costado

5- Esquadrar o ponto Q para baixo e marcar o ponto R na linha do tórax (conforme o desenho)

6- O↓S e Q↓T: 1,5 cm (medida-padrão para todos os tamanhos)

7- Unir T→S com reta

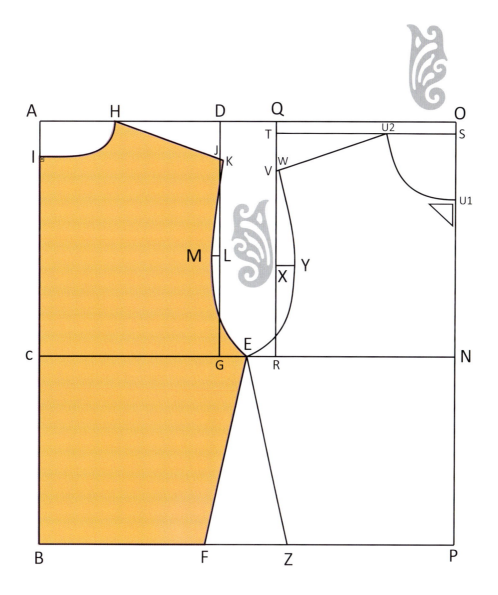

8- S↓U1 e S←U2: 1/5 da medida do pescoço - 1 cm

9- Unir U1 ⌒ U2 com curva, formando o decote da frente

10- T↓V: mesma medida de D↓J (queda do ombro)

11- Unir U2 e V com reta

12- U2↙W: medida do ombro

13- X: metade de V↓R

14- X→Y: esquadrar 2,5 cm

15- Unir W ↘ Y ↘ E com curva, formando a cava da frente

16- P←Z: ¼ da medida da cintura

17- Unir E↘Z com reta

178 MODELAGEM PLANA | feminina e masculina

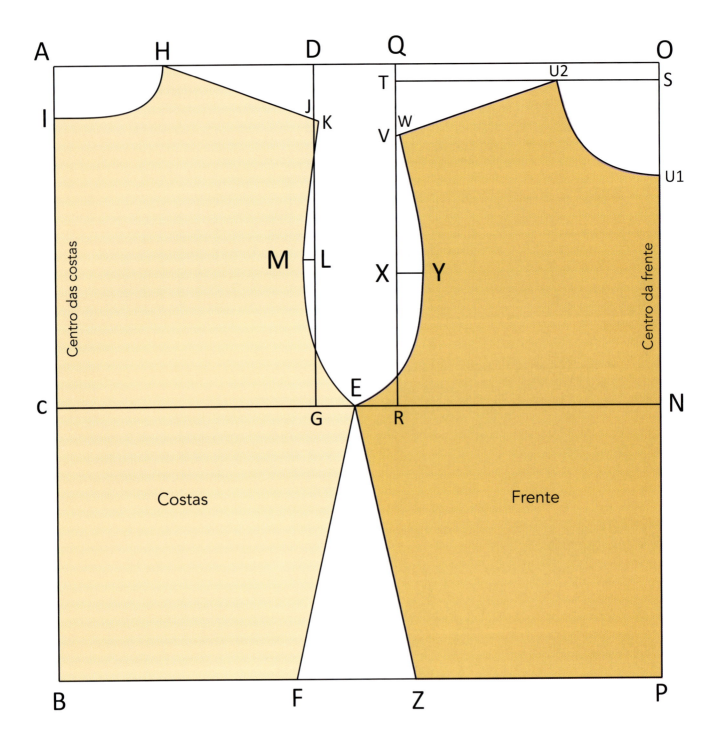

Base manga masculina

1- A↓B: comprimento da manga longa

2- A↓C: ¼ da cava total + 2 cm (altura da cabeça da manga)

3- E←C: (¾ da cava total + 2,5 cm) ÷ 2

4- C→D: (¾ da cava total + 2,5 cm) ÷ 2

5- Unir E↙A↘D com retas

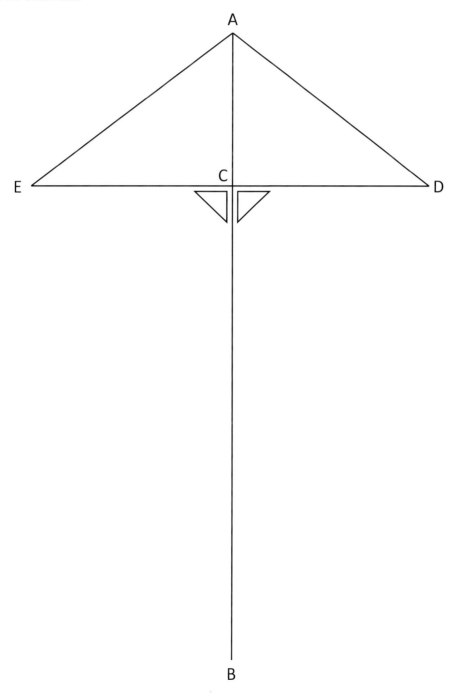

6- F: metade de A↘D

7- G: metade de F↘D

8- F↗H: esquadrar 1 cm (medida-padrão)

9- G↙I: esquadrar 0,5 cm (medida-padrão)

10- Unir com curvas A↘H↘I↘D

11- Dividir a linha A↙E em 3 e marcar os pontos J e K (conforme o desenho)

12- L: metade de K↙E

13- J↖M: esquadrar 2 cm (medida-padrão)

14- L↘N: esquadrar 0,5 cm (medida-padrão)

15- Unir A↙M↙K↙N↙E com curvas

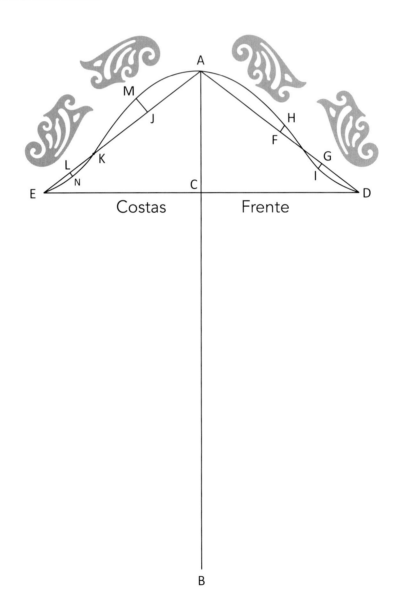

16- O←B→P: metade da medida do punho

17- Unir E↘O e D↙P com reta

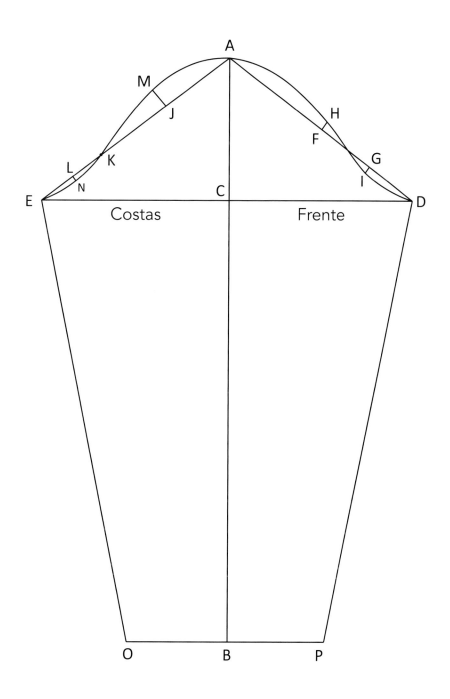

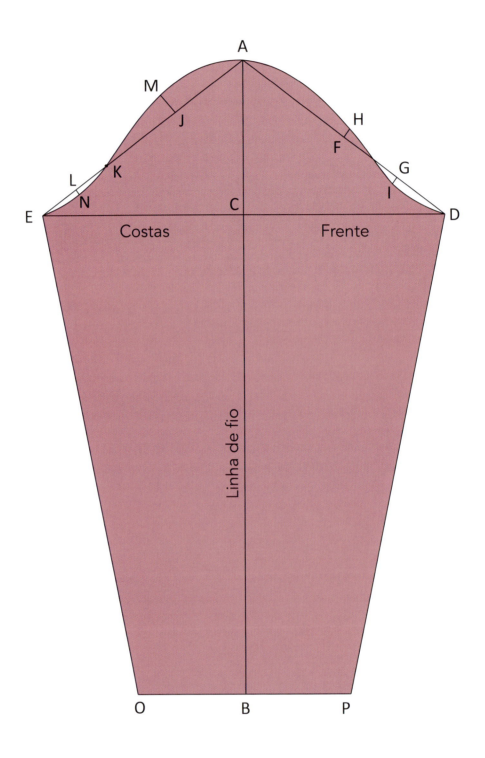

Marcação do pique na cabeça da manga

Para marcar o pique referente ao ombro na cabeça da manga: marcar na curva da cabeça as medidas da cava da frente e da cava das costas, conforme o desenho.

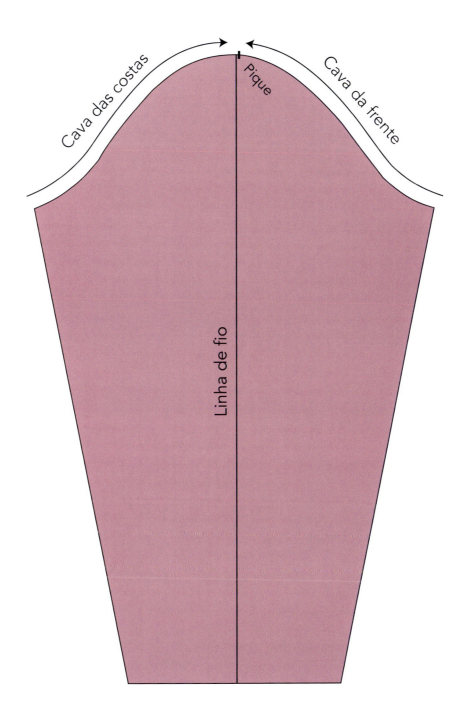

Camisa social masculina

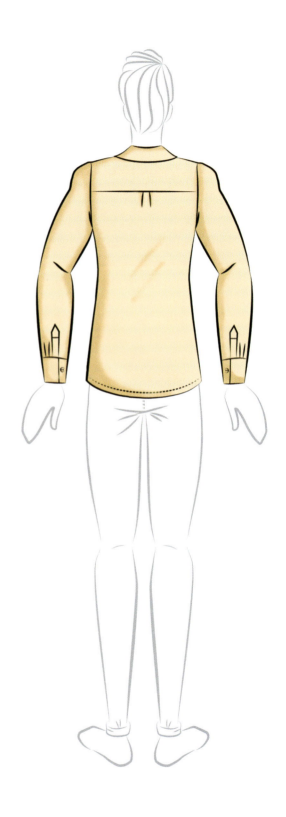

FICHA TÉCNICA				
Nome da empresa/cliente:			Data de emissão:	
Modelo/ref.: camisa social maculina/ref.: 019			Data de entrega:	
Descrição: camisa social, com colarinho americano, abotoamento com tira de vista e punho chemisier			Coleção/ano:	
^			Tempo:	
Matéria principal	Nome	Composição	Cor ou estampa	Gasto
	Fabricante	Fornecedor	Largura	Preço
Matéria secundária	Nome	Composição	Cor ou estampa	Gasto
	Fabricante	Fornecedor	Largura	Preço
Aviamentos	Nome	Tamanho	Cor	Quantidade
	Fabricante	Fornecedor		Preço
Etiquetas (tipo e localização):				
Beneficiamentos:				
Desenho técnico:			Amostras:	
Análise crítica de vestibilidade e melhoria de produto				
Problemas encontrados			Soluções	
Avaliação piloto: aprovado ( ) reprovado ( )			Assinatura:	

Interpretação da modelagem

Camisa social masculina – Frente e costas

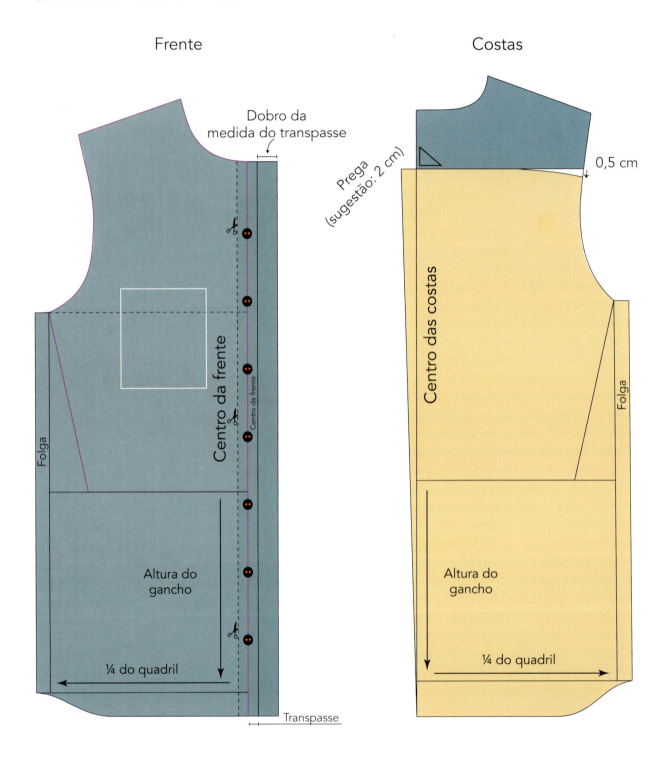

Sugestão de medida para folga na camisa masculina: 3 cm

Sugestão para a medida do transpasse: 1,5 cm

Camisa social masculina – Gola e pé de gola

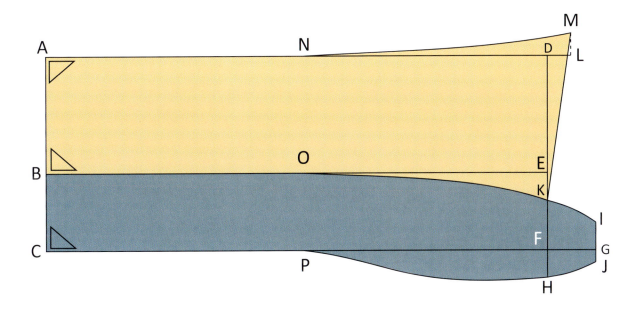

1- A↓B: 4,5 cm

2- B↓C: 3 cm

3- Esquadrar os pontos A, B e C para o lado com a metade da medida do pescoço e marcar os ponto D, E e F (conforme o desenho)

4- Unir D↓E↓F com reta

5- F→G: medida do transpasse + 0,5 cm

6- F↓H: esquadrar 1 cm

7- G↑I: esquadrar 1 cm

8- G↓J: esquadrar 0,5 cm

9- E↓K: 1 cm

10- D→L: esquadrar 1 cm

11- L↑M: esquadrar 1 cm

12- N: metade da linha A→D

13- O: metade da linha B→E

14- P: metade da linha C→F

15- Unir N⤴M (com curva suave), M⤢K (com reta), K⤴O (com curva)

16- Unir K↘I e P⤴H⤴J com curvas conforme o desenho

Camisa social masculina – Manga e punho

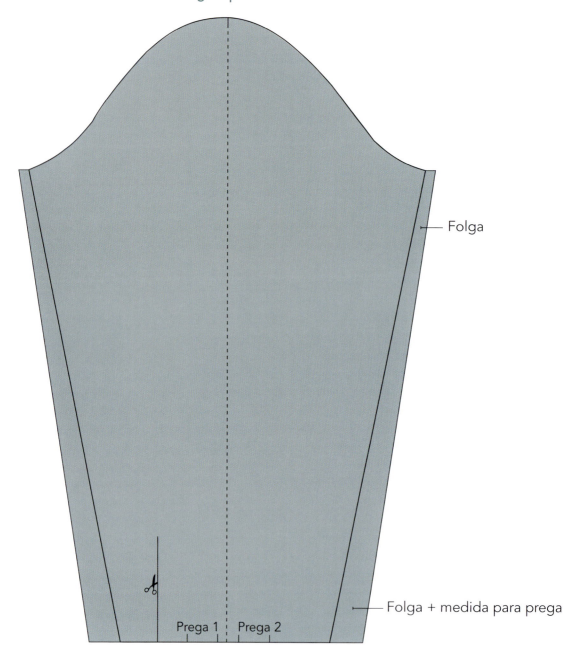

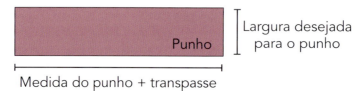

Agasalho corta-vento

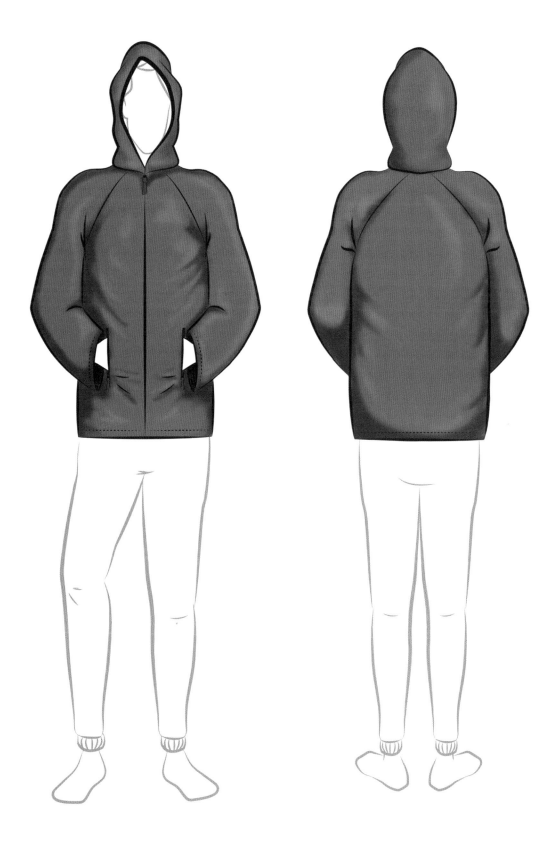

FICHA TÉCNICA				
Nome da empresa/cliente:			Data de emissão:	
Modelo/ref.: corta-vento/ref.: 02			Data de entrega:	
Descrição: agasalho estilo corta-vento com capuz, fechamento e bolsos com zíper aparente			Coleção/ano:	
^			Tempo:	
Matéria principal	Nome	Composição	Cor ou estampa	Gasto
	Fabricante	Fornecedor	Largura	Preço
Matéria secundária	Nome	Composição	Cor ou estampa	Gasto
	Fabricante	Fornecedor	Largura	Preço
Aviamentos	Nome	Tamanho	Cor	Quantidade
	Fabricante	Fornecedor		Preço
Etiquetas (tipo e localização):				
Beneficiamentos:				
Desenho técnico:				Amostras:
Análise crítica de vestibilidade e melhoria de produto				
Problemas encontrados			Soluções	
Avaliação piloto: aprovado ( ) reprovado ( )			Assinatura:	

Interpretação da modelagem

Corta-vento – Frente

Construção da manga raglan

1- A↗B: estender a reta do ombro e marcar o comprimento da manga longa (conforme tabela de medidas)

2- B↓C: esquadrar metade da medida do punho + 0,5 cm

3- D↓E: 4 cm (medida-padrão)

4- E↗F: ligar, com reta, o ponto E ao meio do decote. Marcar ponto F conforme o desenho

5- E↗G: marcar ⅓ da medida E↗F

6- Ligar G ↩ D com curva bem arredondada, conforme desenho

7- Dobrar o papel na reta E↗F e, com o rolete, transferir a curva D ↪ G para o outro lado do papel de modo que, ao desdobrar o papel, surja o ponto D1 (cor verde no desenho)

8- Ligar C→D1 com reta

9- Marcar corpo e manga com cores diferentes, conforme o desenho a seguir

Folga sugerida para o corpo: 3,5 cm

Altura média de cabeça masculina: 37 cm

Circunferência média da cabeça masculina: 63 cm

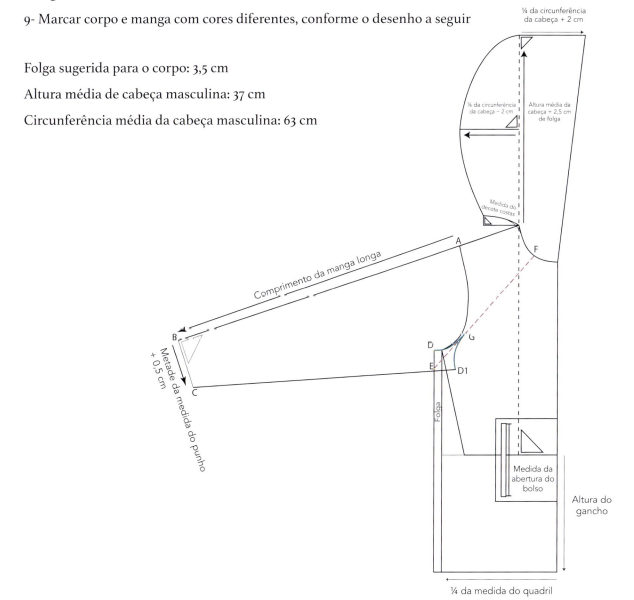

Interpretação da modelagem

Corta-vento – Frente

Capuz, manga, bolso

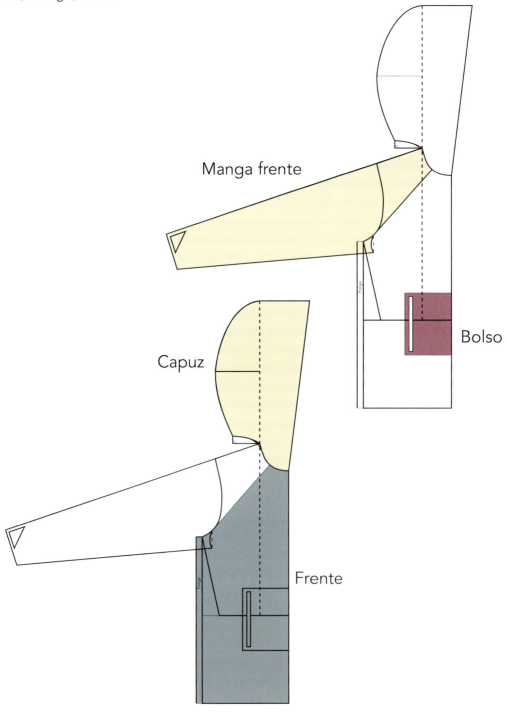

Interpretação da modelagem

Corta-vento – Costas

Construção da manga raglan

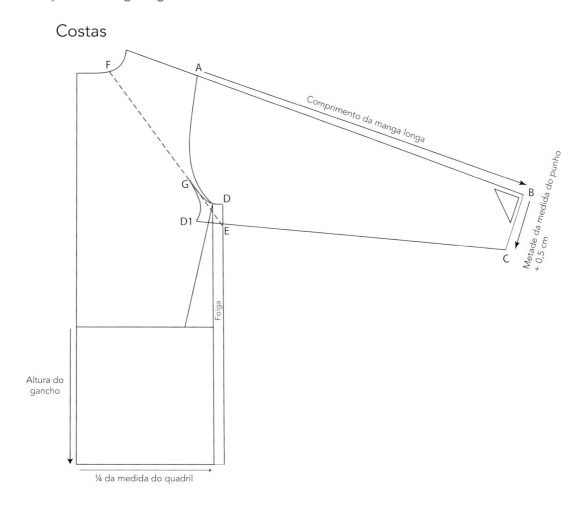

1- A↘B: estender a reta do ombro e marcar o comprimento da manga longa (conforme tabela de medidas)
2- B↓C: esquadrar metade da medida do punho + 0,5 cm
3- D↓E: 4 cm (medida-padrão)
4- E↖F: ligar, com reta, o ponto E ao meio do decote. Marcar ponto F conforme desenho
5- E↖G: marcar ⅓ da medida E↖F
6- Ligar G ↪ D com curva bem arredondada, conforme desenho
7- Dobrar papel na reta E↖F e, com o rolete, tranferir a curva G ↪ D para o outro lado do papel de modo que, ao desdobrar o papel, surja o ponto D1 (cor verde no desenho)
8- Ligar C↖D1 com reta
9- Marcar corpo e manga com cores diferentes, conforme o desenho a seguir

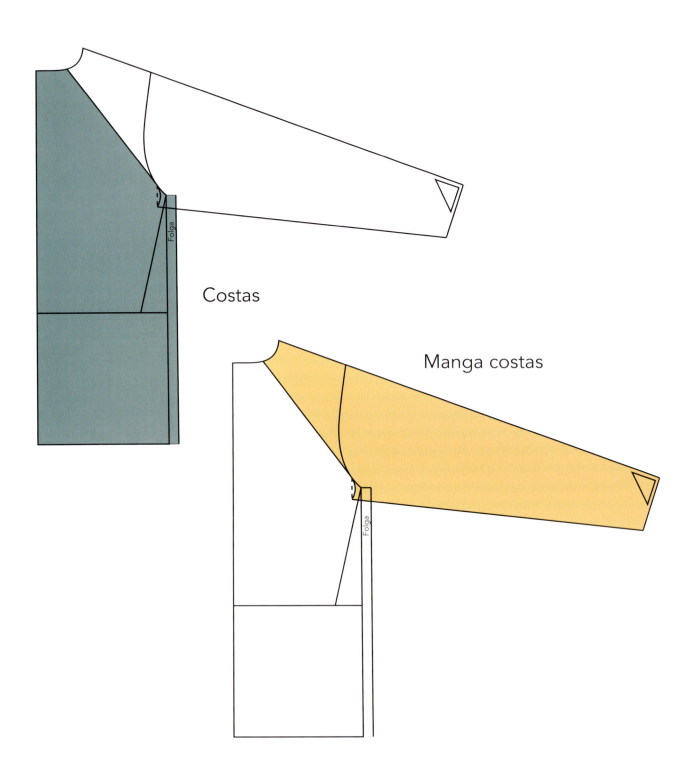

CAPÍTULO 2 • *Projeto e modelagem de peças dos vestuários feminino e masculino* ✂-- 195

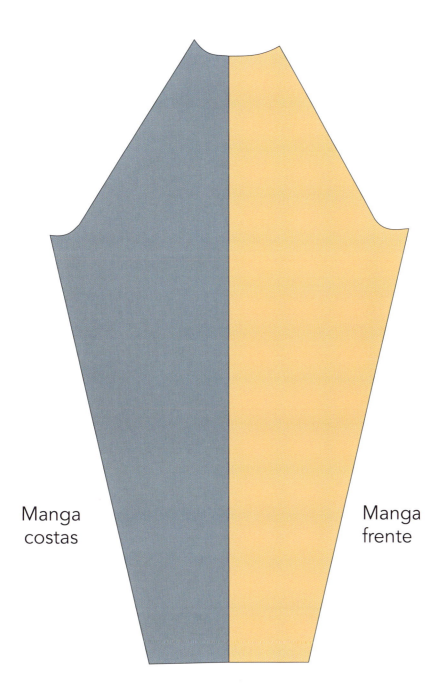

Montagem e adequação de modelagens femininas e masculinas

FICHA TÉCNICA				
			Data de emissão: 00/00/00	
			Data de entrega: 00/00/00	
			Coleção/ano: outono/2020	
			Tempo: 30 minutos	
			Cor ou estampa	Gasto
			Azul	1,20
			Largura	Preço
			1,40 m	R$ 16,90 o metro
			Cor ou estampa	Gasto
			Largura	Preço
			Cor	Quantidade
			Preto	1
				Preço
				R$ 0,10

Amostras:

Análise crítica de vestibilidade e melhoria de produto

Problemas encontrados	Soluções
1- Colo folgado	1 - Pence de ajuste no colo

Avaliação piloto: aprovado ( )   reprovado ( )   Assinatura:

PROCESSO DE MODELAGEM

Peças da modelagem (exemplo: blusa básica)

1- Corpo frente (1x tecido)

2- Corpo costas (1x tecido)

3- Limpeza frente (1x tecido)

4- Limpeza costas (1x tecido)

Plano de corte

O plano de corte é o melhor encaixe das peças, respeitando o sentido do fio. Quanto melhor for o encaixe, mais econômico será o corte.

Após posicionar o molde, este deve ser riscado tantas vezes quanto indicado na peça.

Sequência operacional e de montagem

Sequência descritiva da melhor forma de montar a peça. Inclui o processo de montagem, os maquinários e tempo destinados a cada operação, além do tempo total.

SEQUÊNCIA OPERACIONAL/MONTAGEM			
Nome da empresa/cliente: quem esta solicitando o serviço			Coleção/ano: outono/2020
Modelo/ref.: é um código único, pode ser nome, letras, números. Exemplo: vestido Ana, A001 blusa básica/00001B			Data de emissão: data que foi solicitado
Descrição: Maior quantidade informações possíveis sobre o modelo. Ex.: Vestido evasê com pences na parte superior, zíper invisível nas costas, sem costuras nas laterais. Blusa básica folgada com pence de busto. Nas costas, detalhe em gota, fechamento em aselha com botão de pé.			Data de entrega: data da montagem. aprovada
^^^			Tempo: tempo total da montagem. Exemplo: 56 minutos
Operação		Máquina	Tempo (min)
Risco		Manual	10
Corte		Manual	10
Unir cava frente + limpeza frente		Reta/overloque	5
Unir decote frente + limpeza frente		Reta/overloque	5
Unir cava costas + limpeza costas		Reta/overloque	5
Posicionar aselhas		Manual	2
Unir decote costas + limpeza costas		Reta/overloque	5
Unir ombros de forma embutida		Reta/overloque	5
Unir laterais		Reta/overloque	5
Pespontar decote e cava		Reta	2
Bainha		Reta	2
Observações: o tempo foi calculado com base em iniciantes na costura industrial. Responsável:			

Possíveis ajustes para saias

Problema: tecido sobrando entre cintura e quadril
Solução: rebaixar o centro da peça

Problema: saia empinando nas costas
Solução: abrir linha do quadril

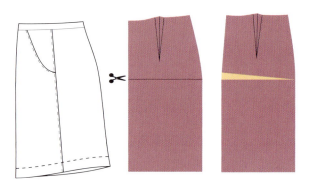

Problema: saia com folga no quadril
Solução: fechar linha do quadril

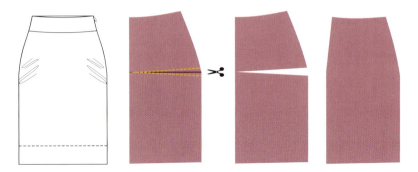

Possíveis ajustes para mangas

Problema: cava acumulando nas axilas
Solução: rebaixar laterais das cavas

Problema: tecido acumulando na parte externa da manga
Solução: rebaixar cabeça da manga

Deslocamento para pences e cavas

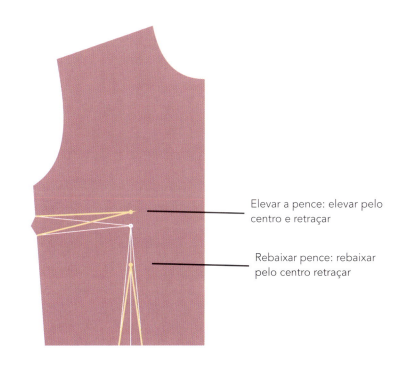

Elevar a pence: elevar pelo centro e retraçar

Rebaixar pence: rebaixar pelo centro retraçar

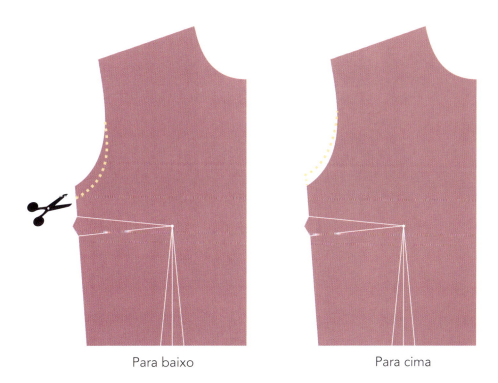

Para baixo   Para cima

Possíveis ajustes para blusas

Problema: tecido sobrando na cava
Solução: pence de ajuste na cava

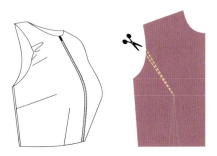

Problema: decote "sobra" no corpo
Solução: pence de ajuste no decote

Problema: centro folgado
Solução: pence de ajuste no centro

Problema: colo ou costas tensionadas
Solução: abrir a região

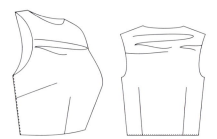

Problema: lateral tensionada enviesada
Solução: abrir ombros

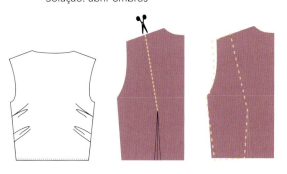

Problema: folga nos ombros
Solução: reduzir lateral de ombro e cava

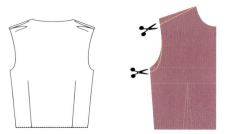

Problema: folga enviesada nas laterais
Solução: pence de ajuste nos ombros

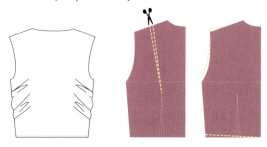

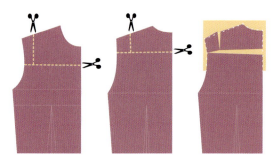

Possíveis ajustes para calças, shorts ou bermudas

Problema: bumbum folgado
Solução: prolongar a altura da cintura e diminuir o gancho

Problema: bumbum repuxado
Solução: alongar o gancho e entrepernas

Problema: folga na altura do quadril
Solução: pence de ajuste na linha da altura do quadril

Problema: virilha repuxando
Solução: alongar linha do gancho e entrepernas

Problema: bumbum e entrepernas folgado
Solução: diminuir o gancho e entrepernas

Problema: folga no centro
Solução: diminuir gancho e entrepernas

CAPÍTULO 4

Gradação de moldes femininos e masculinos

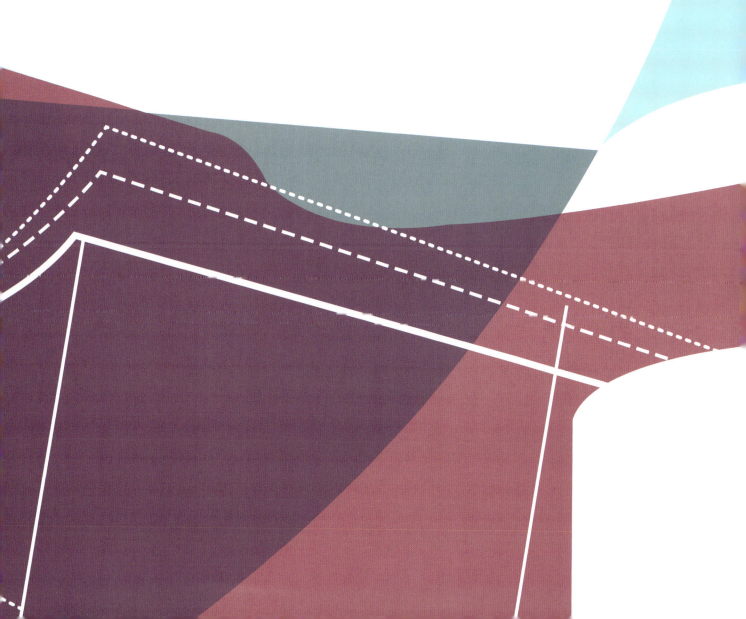

O QUE É GRADAÇÃO

A gradação consiste no processo de redução e/ou ampliação de uma peça do vestuário, que terá como resultado uma série consecutiva de tamanhos diferentes. Pode ser executada manualmente ou por meio de softwares de modelagem.

Essa peça de vestuário, que é a origem para a produção dos demais tamanhos, costuma ser chamada de modelo ou base de gradação.

É importante ressaltar que só se faz a gradação após a aprovação da peça piloto, cujo molde deve estar com todas as sinalizações necessárias. Cada tamanho gradado precisa ter sua modelagem concluída por completo, ou seja, com todas as sinalizações individuais por tamanho (margem de costura, piques, furos, fios, referências, corte e afins).

A metodologia usada aqui para explicar a ampliação e redução da base de gradação é feita por vetores (que estão representados para ampliação, devendo ser invertidos para redução). Os vetores representam as grandezas vetoriais e indicam seu módulo, sua direção e seu sentido. Para localizar os pontos indicados pelos vetores, será necessário o uso do esquadro de maneira correta, utilizando o ângulo de 90°.

Os valores desses vetores são pensados pela tabela de medidas, e são resultantes da diferença entre o tamanho maior e o menor. Em geral, essas medidas diminuem de modo proporcional a cada tamanho. Esses resultados, que serão distribuídos conforme a peça em questão, são chamados de valor de gradação.

A representação da tabela de medidas de vestuário varia de acordo com as empresas e o público-alvo. Exemplo: T.U. – tamanho único (sem gradação). PP, P, M, G, GG, XG, XXG e 36, 38, 40, 42, 44, 46... (utilizados em roupas, normalmente). 1, 2, 3, 4, 5, 6, 7, 8, 9, 10... (utilizados no segmento infantil e/ou camisa social). RN- 0-3, 3- 6, 6-9... (utilizados para roupas de bebês).

No exemplo a seguir, a representação da saia em linha preta é nosso modelo. Os vetores são as setas vermelhas, e as letras são as legendas para explicação do valor de gradação e sua distribuição.

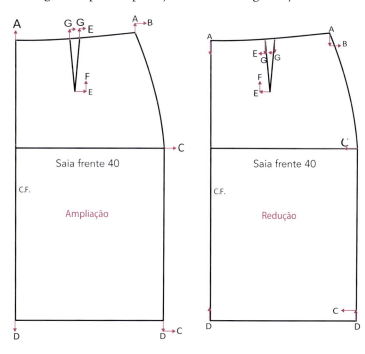

Veja alguns exemplos de esquadramentos:

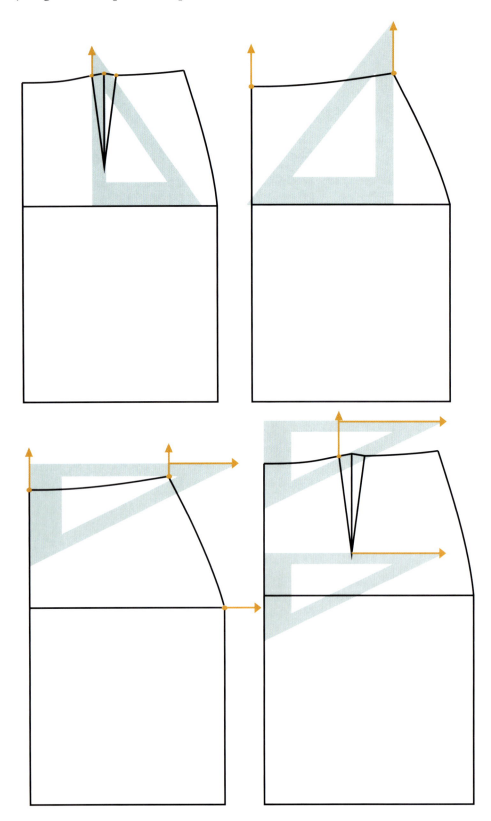

GRADAÇÃO DE SAIA

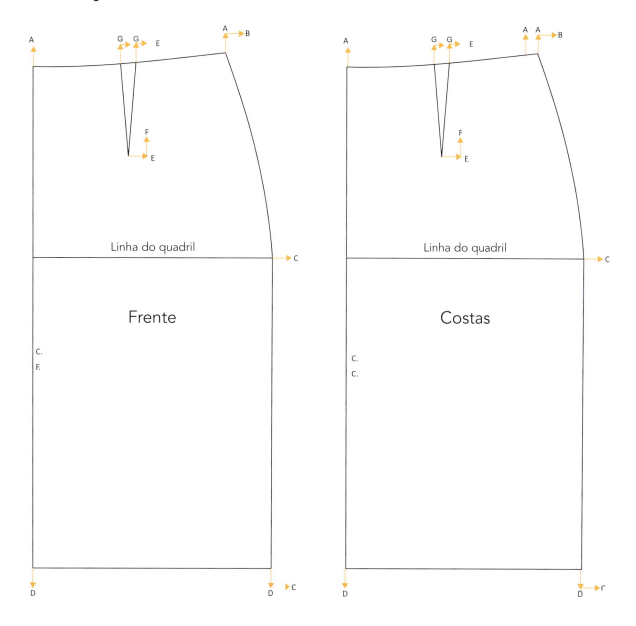

A: diferença da altura do quadril, de um tamanho para outro

B: ¼ da diferença da medida da cintura, de um tamanho para outro

C: ¼ da diferença da medida do quadril, de um tamanho para outro

D: diferença do comprimento da saia, de um tamanho para outro

E: mover a pence para o lado, metade da medida adicionada na lateral

F: subir o ápice da pence, metade da medida do ponto A

G: subir as novas linhas da pence para encaixar na linha superior

Resultado da gradação da saia

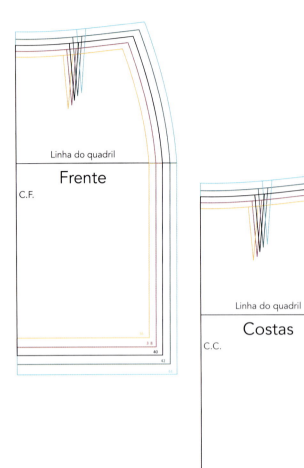

Resultado da gradação da saia com cada tamanho destacado

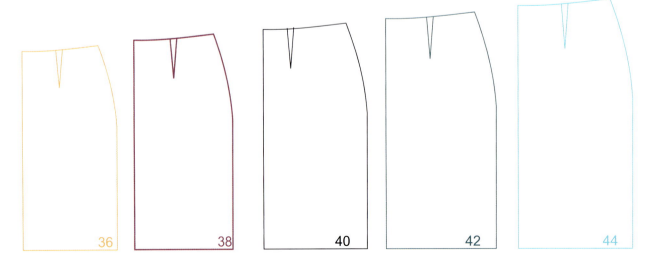

GRADAÇÃO DE BLUSA

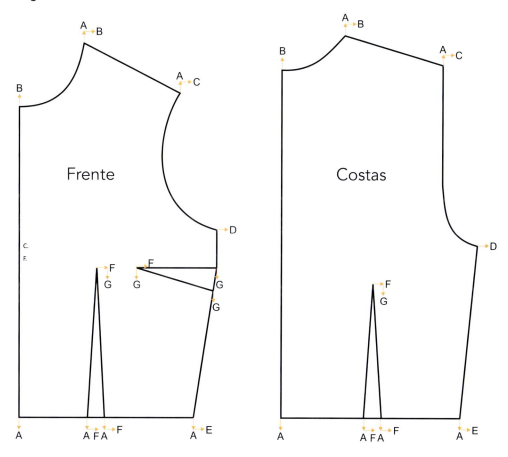

A: ½ da diferença da altura da cintura da frente, de um tamanho para outro

B: ¼ da diferença do pescoço, de um tamanho para outro

C: diferença da medida do ombro + medida item B

D: ¼ da diferença do busto, de um tamanho para outro

E: ¼ da diferença da cintura, de um tamanho para outro

F: a pence se desloca para a lateral, metade da diferença da separação do busto de um tamanho para outro, e encaixa no novo comprimento

G: o ápice da pence da cintura desce a diferença da altura do busto de um tamanho para outro, e a pence do busto desce toda para baixo essa mesma medida

....

A: ¼ da diferença do pescoço, de um tamanho para outro
B: ½ da diferença da altura da cintura da frente, de um tamanho para outro

C: diferença da medida do ombro + medida do item A

D: ¼ da diferença do busto, de um tamanho para outro

E: ¼ da diferença da cintura, de um tamanho para outro

F: a pence se desloca para o lado, metade da medida adicionada na lateral, e encaixa no novo comprimento

G: o ápice da pence da cintura desce metade da medida do ponto E

Resultado da gradação da blusa

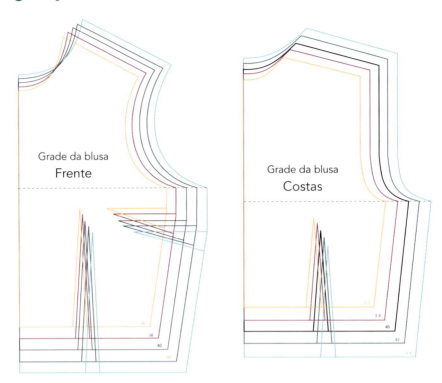

Resultado da gradação da blusa com cada tamanho destacado

GRADAÇÃO DE CALÇA

A: diferença da altura do gancho, de um tamanho para outro

B: ⅛ da diferença da cintura, de um tamanho para outro

C: ⅛ da diferença do quadril, de um tamanho para outro

D: ¼ da diferença da boca da calça, de um tamanho para outro

E: diferença do comprimento da calça, de um tamanho para outro

F: ¼ da diferença do quadril, de um tamanho para outro

G: o ápice da pence sobe metade da diferença da altura do gancho, de um tamanho para outro

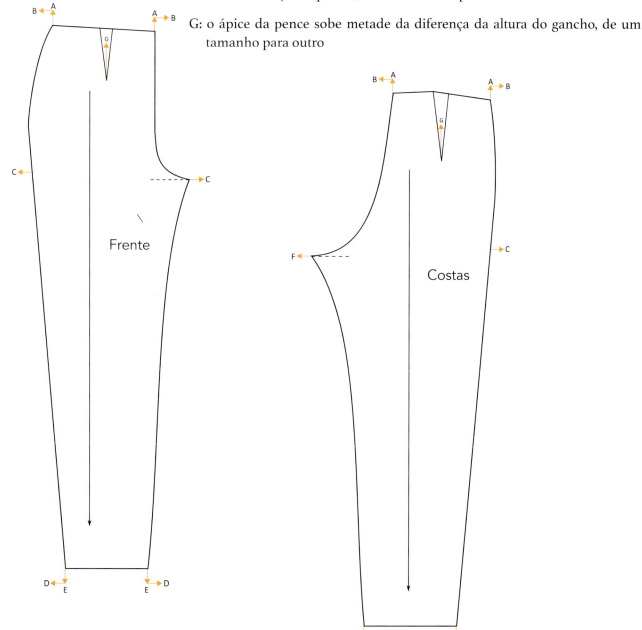

Resultado da gradação da calça

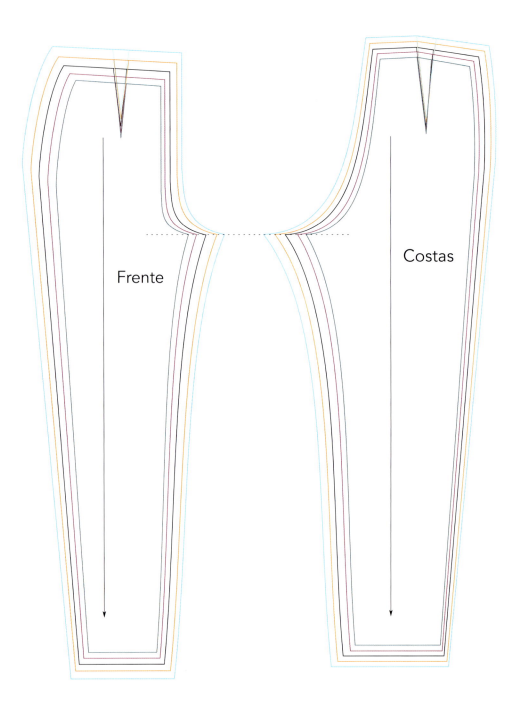

Resultado da gradação da calça com cada tamanho destacado

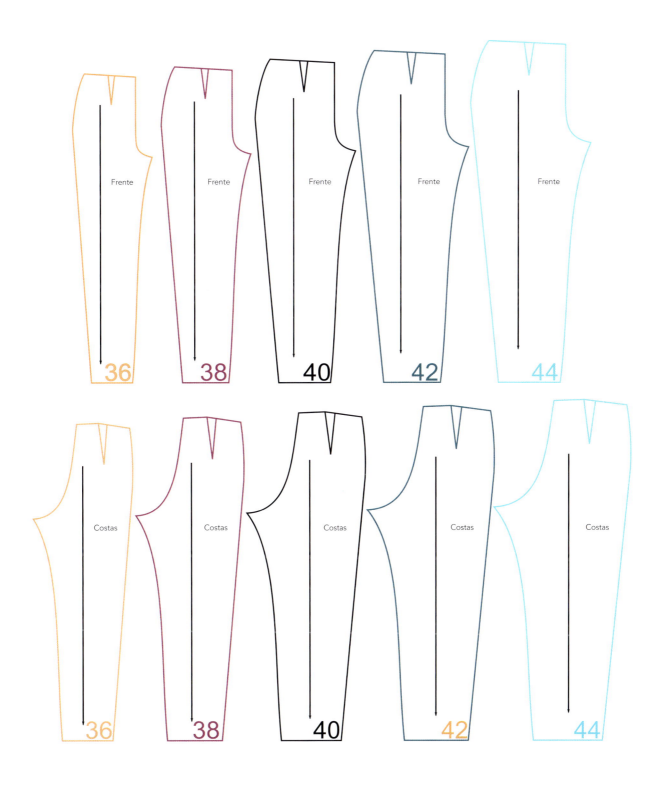

GRADAÇÃO DE SHORT FEMININO

A seguir, podemos observar a gradação da modelagem do short feminino por meio da indicação dos vetores.

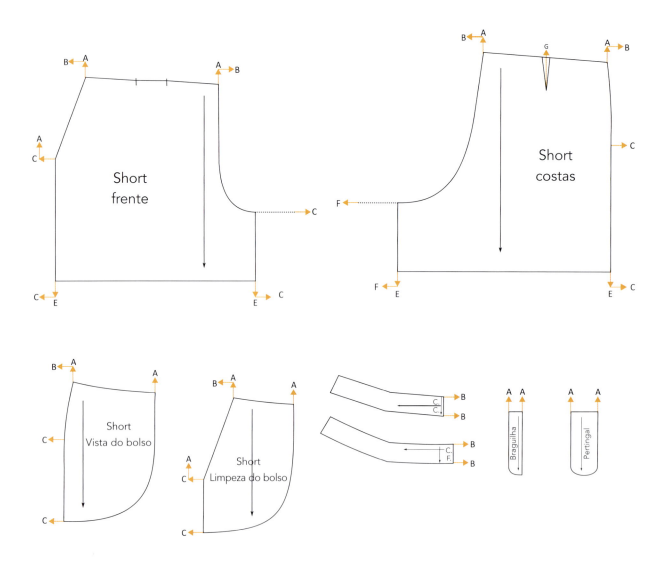

GRADAÇÃO DE CAMISA

Gradação da camisa – Frente

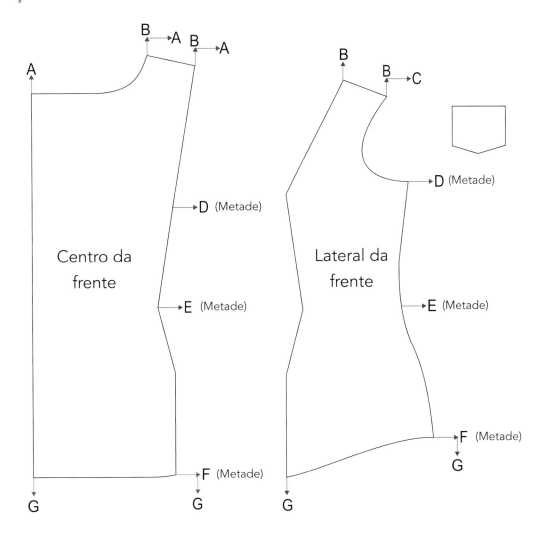

A: ¼ da diferença do pescoço, de um tamanho para outro

B: ½ da diferença da altura da cintura da frente, de um tamanho para outro

C: diferença da medida do ombro

D: ¼ da diferença do busto, de um tamanho para outro (distribuir esse valor entre as partes que compõem a frente)

E: ¼ da diferença da cintura, de um tamanho para outro (também distribuir essa medida entre as partes que compõem a frente)

F: ¼ da diferença do quadril, de um tamanho para outro (distribuir esse valor, metade para cada parte da frente)

G: diferença do comprimento da camisa de um tamanho para outro

Observação: o bolso não muda; é o mesmo para todos os tamanhos.

Resultado da gradação da camisa – Frente

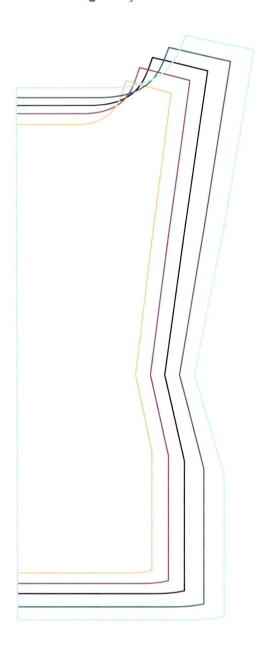
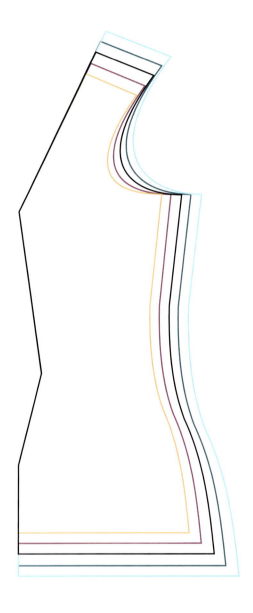

Gradação da camisa – Costas

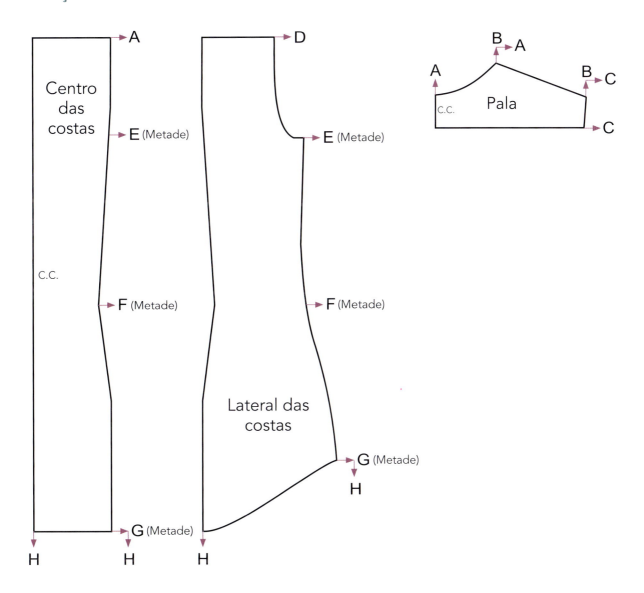

A: diferença da altura da cava, de um tamanho para outro

C: diferença da medida do ombro + medida item A

D: diferença da medida do ombro

E: ¼ da diferença do busto, de um tamanho para outro (distribuir esse valor entre as partes que compõem as costas)

F: ¼ da diferença da cintura, de um tamanho para outro (também distribuir essa medida entre as partes que compõem as costas)

G: ¼ da diferença do quadril, de um tamanho para outro (distribuir esse valor, metade para cada parte das costas)

H: diferença do comprimento

Resultado da gradação da camisa – Costas

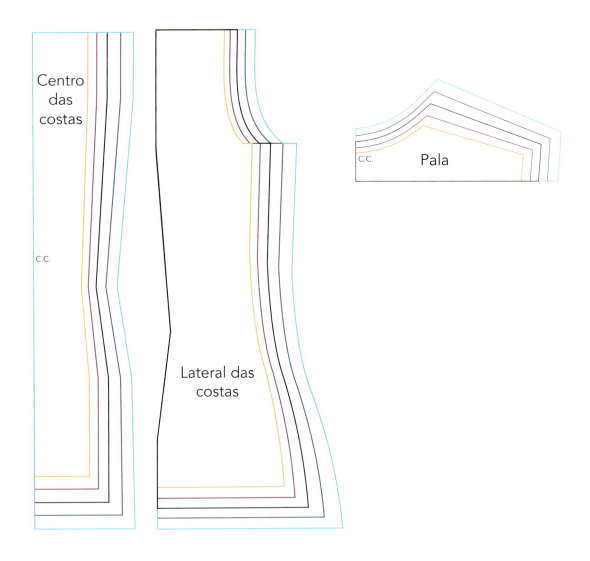

Gradação de gola e pé de gola

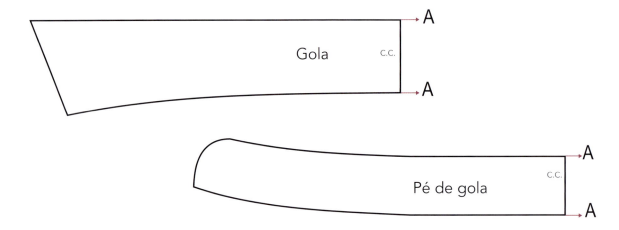

Resultado da gradação da gola e do pé de gola

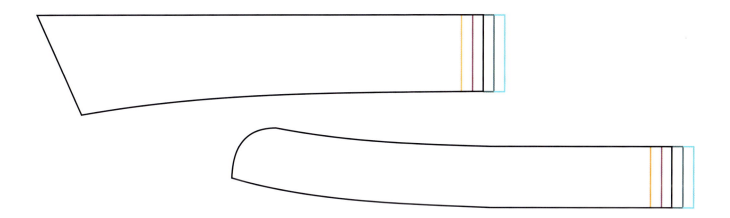

Resultado da gradação da gola e do pé de gola com cada tamanho destacado

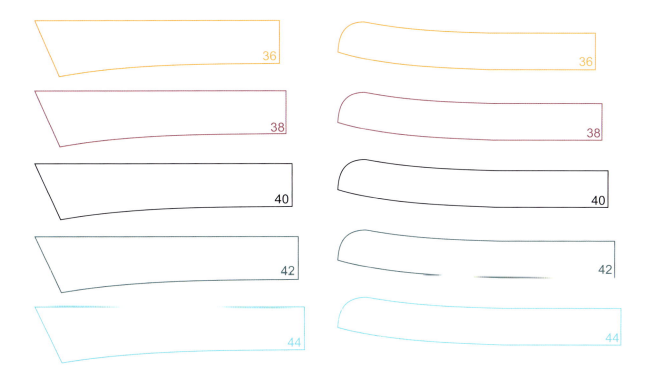

Gradação de manga e punho

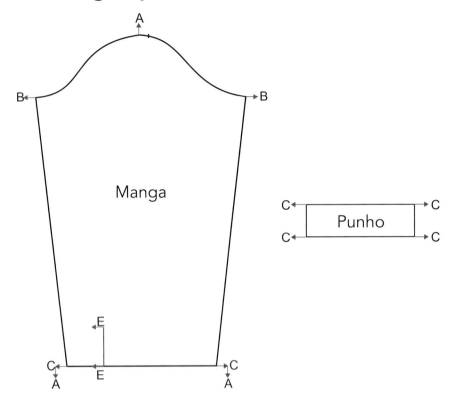

A: metade da diferença do comprimento do braço de um tamanho para o outro

B: metade da diferença do total das cavas do corpo de um tamanho para o outro

C: metade da diferença do punho de um tamanho para outro

E: metade de C

Observação: A largura do punho e o tamanho da abertura da manga permanecem os mesmos em toda a grade.

Resultado da gradação da manga e do punho

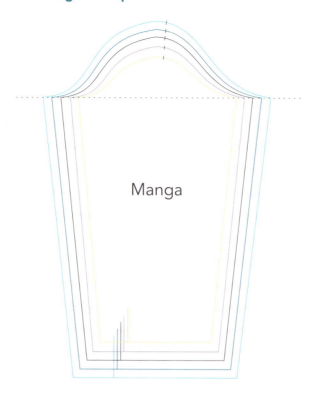

Resultado da gradação da manga e do punho com cada tamanho destacado

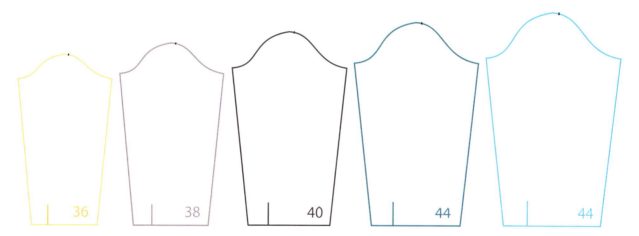

Elaboração do seu projeto

Caro leitor,

Para você que chegou até aqui, que tal desenvolver sua própria peça? Não sabe por onde começar? Precisa de inspiração? Este capítulo foi feito para que você conheça uma parte do processo de produção de moda, em que a pesquisa é fundamental para criação. Então sugerimos que você escolha um tema e inicie sua criação conforme as etapas aqui descritas.

PESQUISA

Pesquisa é um conjunto de ações investigatórias que visam à descoberta de novos conhecimentos, sejam eles científicos, literários, artísticos etc. A finalidade de uma pesquisa é descobrir respostas para problemas, curiosidades e necessidades. Ela parte de conhecimentos preexistentes e serve de base no processo de criação dos trabalhos que serão desenvolvidos; é a justificativa do processo. É preciso ter atenção ao tema, pois é por seu intermédio que se iniciará a pesquisa, que deve ser capaz de situar o leitor no tempo e espaço, resumindo fatores de comportamento social, modelagem, cores, texturas, entre outros.

Vamos utilizar como exemplo um resumo de uma pesquisa cujo tema é Moda nos anos 1920, destacando palavras-chave para que possamos pensar em um look para essa pesquisa.

MODA NOS ANOS 1920

Na década de 1920, as mulheres se inspiravam em roupas e estilos das atrizes famosas. Era o começo da liberdade feminina na questão do vestuário; já se permitia mostrar as pernas, o colo e usar maquiagem. A silhueta dos anos 1920 era retangular, com os vestidos mais curtos e leves, o tecido que brilhou na década foi a seda, e no cotidiano, algodão. As cores ficavam entre peças claras para o cotidiano e as intensas e vibrantes para ocasiões especiais e demonstrações de status. Usavam-se bordados, brilhos e joias poderosas. Com as pernas livres, os tornozelos passaram a ser protagonistas da sensualidade; a silhueta ideal era sem curvas, sem marcação de seios, cintura e quadril. As meias em tons bege sugeriam nudez e foram a cereja do bolo. As grandes estilistas Coco Chanel e Jean Patou tinham propostas de modelagens retas, blazers, capas, colares compridos e cabelos curtos para verticalizar a silhueta.

Nesse breve resumo, temos muitas informações, como: ano (1920), mudança de comportamento social, foco na pele (tornozelo e colo), formas da silhueta (sem curvas, verticais, retas, curtas), caimento das peças (leve), tecidos (seda, algodão), cores (claras e intensas e vibrantes), beneficiamentos e texturas (bordados, brilhos, joias). Estilistas marcantes (Chanel e Patou).

MOODBOARD

O moodboard é um painel de referências/inspiração que reflete a pesquisa realizada. É utilizado para organizar ideias visualmente, onde colocamos todas as referências visuais. Para ser considerado bom, deve ter coerência com a pesquisa, refletir a essência, o objetivo do projeto, por meio de objetos, cores, formas, texturas, tecidos e ilustrações. A seguir, exemplos de moodboard, em justaposição e sobreposição, todos com o mesmo tema.

CRIAÇÃO

Pode ser uma colagem com anotações ou mesmo um desenho. Exemplo: este vestido sem mangas, com um decote mais profundo nas costas, mais reto e comprido.

INTERPRETAÇÃO, PEÇA PRONTA E MOLDE

Interpretação

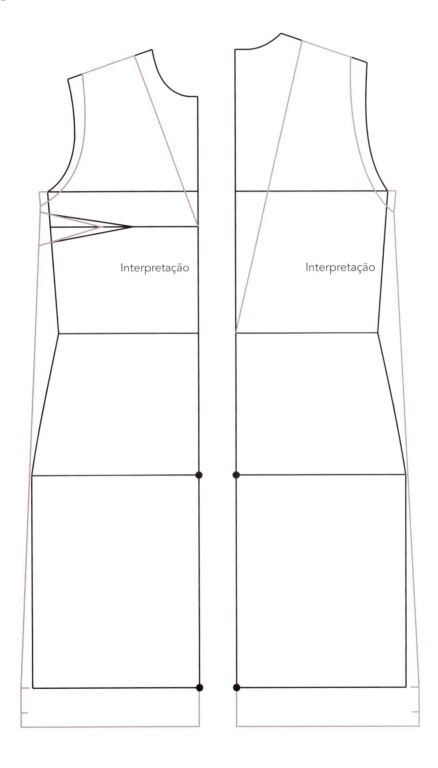

Peça pronta

Molde

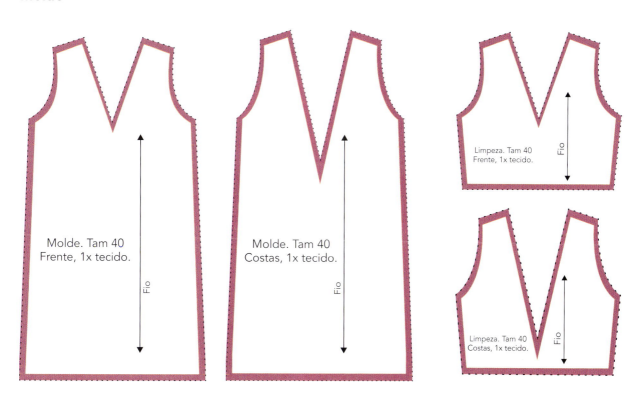

FICHA TÉCNICA			
Nome da empresa/cliente: aluno(a)			Data de emissão: 00/00/00
Modelo/ref.: vestido inspiração anos 1920			Data de entrega: 00/00/00
Descrição: vestido folgado com decote "V" na frente e profundo "V" nas costas. Zíper invisivel na lateral			Coleção/ano: inverno/2021
^			Tempo: 30 minutos
Matéria principal	Nome	Composição	Cor ou estampa	Gasto
	Tricoline	100% algodão	Preto	1,50
	Fabricante	Fornecedor	Largura	Preço
		Nome da loja	1,40 m	R$ 39,00/m
Matéria secundária	Nome	Composição	Cor ou estampa	Gasto
	Fabricante	Fornecedor	Largura	Preço
Aviamentos	Nome	Tamanho	Cor	Quantidade
	Zíper	35 cm	Preto	1
	Fabricante	Fornecedor		Preço
	Nome do fabricante	Armarinho		R$ 0,84

Etiquetas (tipo e localização): palito e tamanho lado esquerdo costas; composição lateral esquerda

Beneficiamentos:

Desenho técnico: Amostras:

Análise crítica de vestibilidade e melhoria de produto

Problemas encontrados	Soluções

Avaliação piloto: aprovado (X)   reprovado ( )   Assinatura: aluno(a)

Deixamos este espaço para você!

Use as fichas e os desenhos a seguir como base de criação.

FICHA TÉCNICA					
Nome da empresa/cliente:				Data de emissão:	
Modelo/ref.:				Data de entrega:	
Descrição:				Coleção/ano:	
^				Tempo:	
Matéria principal	Nome		Composição	Cor ou estampa	Gasto
	Fabricante		Fornecedor	Largura	Preço
Matéria secundária	Nome		Composição	Cor ou estampa	Gasto
	Fabricante		Fornecedor	Largura	Preço
Aviamentos	Nome		Tamanho	Cor	Quantidade
	Fabricante		Fornecedor		Preço
Etiquetas (tipo e localização):					
Beneficiamentos:					
Desenho técnico:				Amostras:	
Análise crítica de vestibilidade e melhoria de produto					
Problemas encontrados				Soluções	
Avaliação piloto: aprovado ( ) reprovado ( )				Assinatura: aluno(a)	

SEQUÊNCIA OPERACIONAL/MONTAGEM		
Nome da empresa/cliente:		Coleção/ano:
Modelo/ref.:		Data de emissão:
Descrição:		Data de entrega:
		Tempo:
Operação	Máquina	Tempo (min)

Observações:
Responsável:

Croquis para sua interpretação

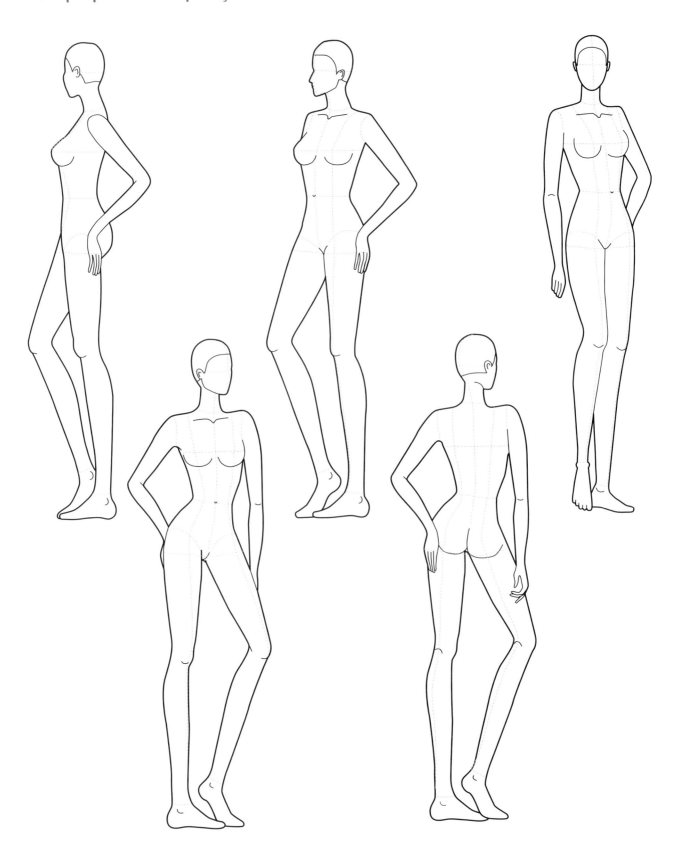

CAPÍTULO 5 • *Elaboração do seu projeto* 239

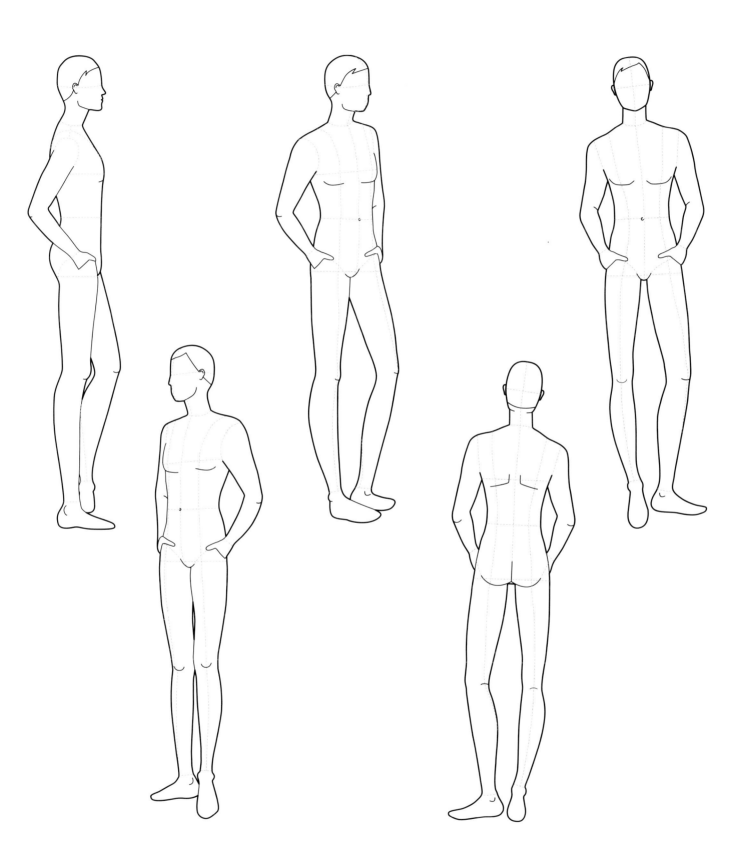

Saia feminina

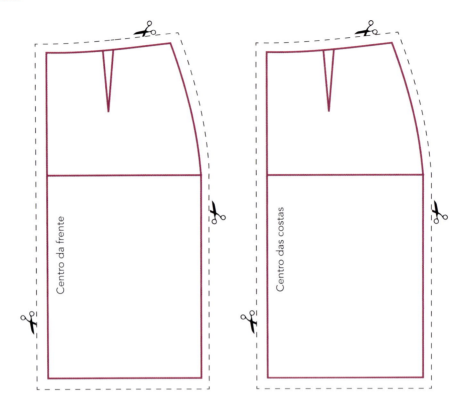

Manga feminina

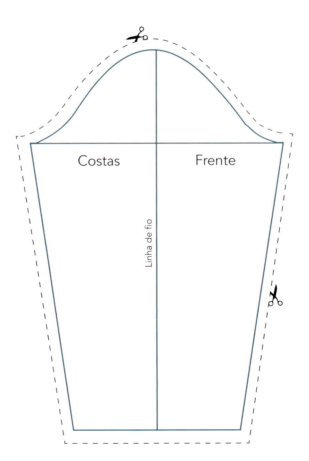

Calça feminina

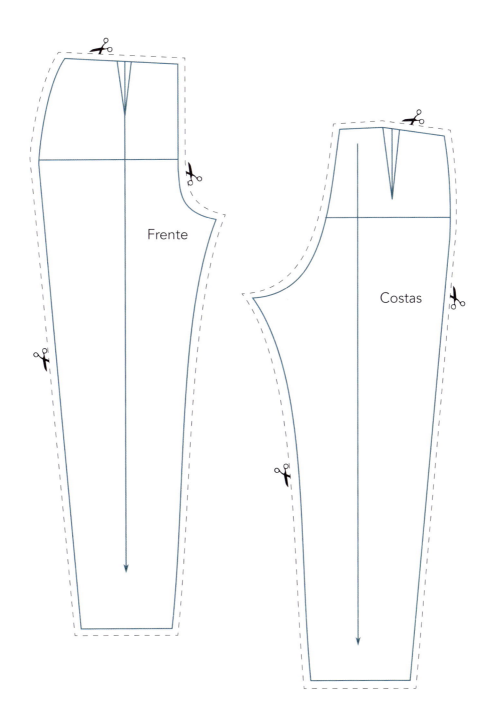

Blusas femininas

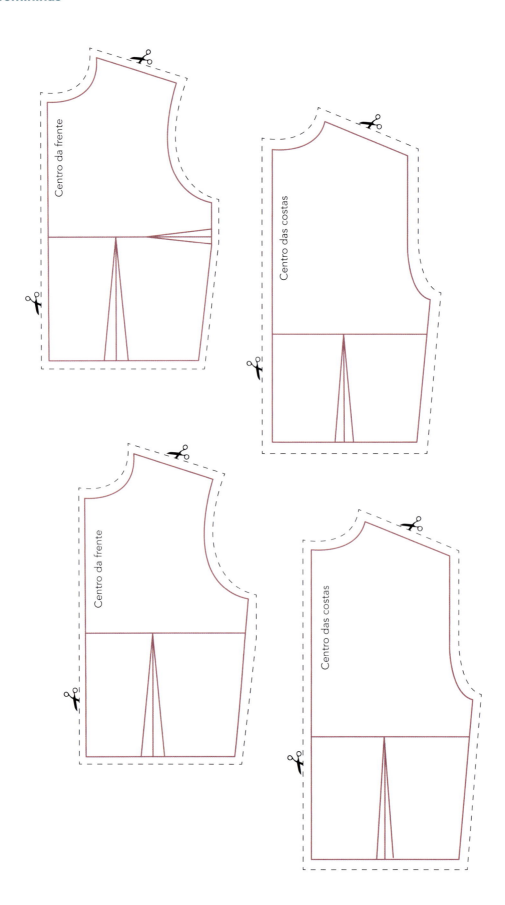

Blusa masculina

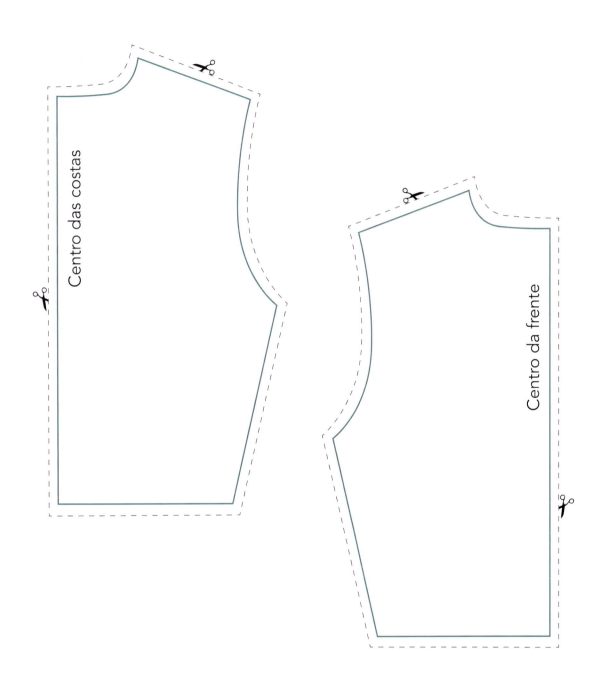

Manga masculina

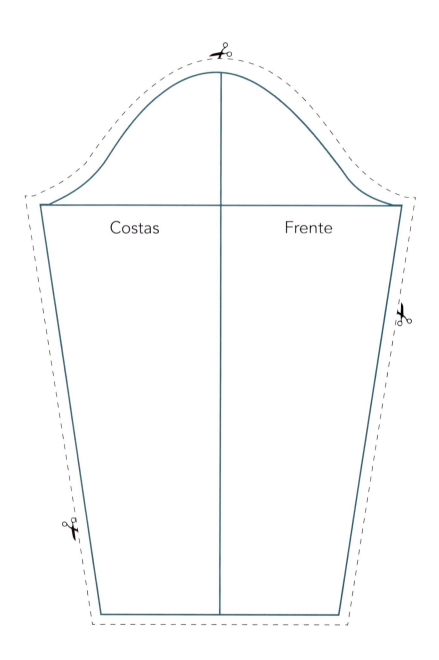

Calça masculina

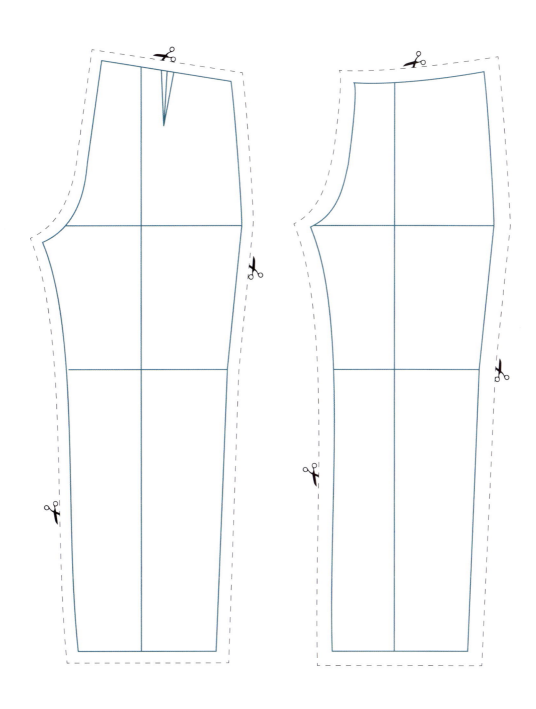